100种顶级葡萄酒

100 Vins de Légende

〔法国〕西尔维·吉拉尔-拉戈斯 著
赵 然 译

译林出版社

图书在版编目（CIP）数据

100种顶级葡萄酒 /（法）吉拉尔–拉戈斯著；赵然译. —南京：译林出版社，2014.2
ISBN 978–7–5447–4276–4

Ⅰ.①1… Ⅱ.①吉… ②赵… Ⅲ.①葡萄酒–基本知识 Ⅳ.①TS262.6

中国版本图书馆CIP数据核字（2013）第194319号

著作权合同登记号 图字：10–2013–388号

书　　名 100种顶级葡萄酒
作　　者 〔法国〕西尔维·吉拉尔–拉戈斯
译　　者 赵 然
责任编辑 陆元昶
特约编辑 娜 日 何 婷
出版发行 凤凰出版传媒股份有限公司
译林出版社
出版社地址 南京市湖南路1号A楼，邮编：210009
电子邮箱 yilin@yilin.com
出版社网址 http://www.yilin.com
印　　刷 北京燕泰美术制版印刷有限责任公司
开　　本 710×1000毫米 1/8
印　　张 20
字　　数 200千字
版　　次 2014年2月第1版 2014年2月第1次印刷
书　　号 ISBN 978–7–5447–4276–4
定　　价 128.00元
译林版图书若有印装错误可向承印厂调换

目录

经久不衰的激情 8

香槟 12

罗曼尼钻石香槟 14
库克

水晶香槟 16
勒德雷尔

亚历山大盛世香槟 18
罗兰百悦

S 香槟 19
沙龙

唐·培里侬香槟王 20
酩悦香槟商行

白葡萄酒 22

阿尔萨斯 Alsace

选粒贵腐琼瑶浆白葡萄酒 24
辛·温贝希特酒庄

圣－胡内园雷司令白葡萄酒 25
婷芭克

选粒贵腐托卡伊－灰皮诺白葡萄酒 26
忽格父子园

比安沃尼－巴达－蒙哈榭 Bienvenues-Bâtard-Montrachet

比安沃尼－巴达－蒙哈榭白葡萄酒 27
文森特·勒弗莱维酒庄

夏布利 Chablis

夏布利干白葡萄酒 28
拉弗诺葡萄园

夏龙堡 Château-Chalon

黄葡萄酒 30
罗雷葡萄园

格里耶堡 Château-Grillet

格里耶堡白葡萄酒 32
内雷－加谢家族

教皇新堡 Châteauneuf-du-Pape

老藤罗珊教皇新堡白葡萄酒 33

博卡斯特尔庄园

孔德里约 Condrieu

孔德里约白葡萄酒 34

安德烈·佩雷庄园

康士坦提亚 Constantia

康士坦天然甜白 36

克莱恩·康士坦提亚酒庄

考尔通－查理曼 Corton-Charlemagne

考尔通－查理曼白葡萄酒 37

科什－杜瑞酒庄

汝拉丘 Côtes du Jura

麦秆葡萄酒 38

阿尔雷堡

赫雷斯 Jerez

曼萨尼亚赫雷斯葡萄酒 39

埃米力欧·卢士涛庄园

玛格丽特河 Margaret River

霞多丽葡萄酒 40

露纹·艾斯戴特庄园

莫尔索 Meursault

莫尔索－佩尔里埃干白葡萄酒 41

拉冯伯爵葡萄种植园

蒙哈榭 Montrachet

蒙哈榭白葡萄酒 42

雅克·戛纳尔－德拉戈朗日酒庄

摩泽尔－萨尔－鲁威尔 Mosel-Saar-Ruwer

贝尔恩卡斯特尔·巴斯杜贝雷司令葡萄酒 43

海德曼斯－博威勒庄园

沙祖堡雷司令冰酒 44

伊贡·穆勒酒庄

穆西尼 Musigny

穆西尼白葡萄酒 45

乔治·德·维戈伯爵酒庄

纳帕谷 Napa Valley

提图斯白葡萄酒 46

沃尔特纳堡

夜－圣－乔治 Nuits-Saint-Georges

佩尔里埃夜－圣－乔治葡萄酒 47

亨利·古热酒庄

帕莱特 Palette

帕莱特白葡萄酒 48

西蒙古堡

佩萨克－雷奥南 Pessac-Léognan

佛泽尔堡 49

奥比昂庄园 50

拉维奥比昂庄园 51

普里尼－蒙哈榭 Puligny-Montrachet

孔贝特特级田普里尼－蒙哈榭白葡萄酒 52

埃蒂安·苏榭庄园

索泰尔讷 Sauternes

苏特罗堡 53

顶级佳酿 54

吉列特堡

伊甘堡 56

萨维尼埃 Savennières

赛宏河坡酒庄萨维尼埃白葡萄酒 58

尼古拉·乔利

索诺马谷 Sonoma Valley

哈德森葡萄园霞多丽白葡萄酒 59

吉斯特勒酒庄

托卡伊 Tokaji

皇家托卡伊贵腐酒 60

皇家托卡伊葡萄酒公司

奥卡纳根谷 Vallée de l'Ocakanagan

威达尔冰酒 62

云岭酒庄

武弗雷 Vouvray

武弗雷康士坦斯白葡萄酒 63

加斯顿·于厄酒庄

红葡萄酒 64

邦多勒 Bandol

邦多勒红葡萄酒 66

皮巴尔侬堡

巴罗罗 Barolo

巴罗罗红葡萄酒 67

安杰罗·嘉雅酒庄

蒙达奇诺的布鲁奈罗 Brunello di Montalcino

蒙达奇诺的布鲁奈罗红葡萄酒 68

碧安帝－山迪庄园

香贝坦 Chambertin

香贝坦红葡萄酒 69

特拉佩父子酒庄

贝兹葡萄园香贝坦 Chambertin Clos de Bèze

贝兹葡萄园香贝坦红葡萄酒 70

阿尔芒·卢梭庄园

尚博尔－穆西尼 Chambolle-Musigny

爱侣园尚博尔－穆西尼红葡萄酒 72

乔治·鲁米耶庄园

教皇新堡 Châteauneuf-du-Pape

教皇新堡红葡萄酒 74

拉雅堡

希农 Chinon

迪奥特里葡萄园希农红葡萄酒 75

夏尔·卓格

德·拉·罗什葡萄园 Clos de la Roche

德·拉·罗什葡萄园红葡萄酒 76

彭索酒庄

高尔纳斯 Cornas

高尔纳斯红葡萄酒 77

奥古斯都·克拉普酒庄

考尔通·勒纳德 Corton Renardes

考尔通·勒纳德红葡萄酒 78

米歇尔·高努庄园

罗第丘 Côte-Rôtie

拉·图尔克罗第丘红葡萄酒 79

埃蒂安·吉佳乐

依瑟索 Échézeaux

依瑟索红葡萄酒 80

亨利·贾伊尔

艾尔米塔热 Hermitage

艾尔米塔热红葡萄酒 81

让－路易·萨夫

马蒂兰 Madiran

至尊马蒂兰红葡萄酒 82

阿兰·布吕蒙蒙图堡

麦吉尔 Magill

格兰日·艾尔米塔热葡萄酒 83

奔富庄园

玛歌 Margaux

玛歌堡 84

莫里 Maury

玛斯·阿米埃尔酒庄莫里香蜜葡萄酒 86

夏尔·迪皮伊

芒贡 Morgon

芒贡葡萄酒 87

马塞尔·拉皮埃尔

穆西尼 Musigny

穆西尼红葡萄酒 88

勒罗伊酒庄

纳帕谷 Napa Valley

赤霞珠葡萄酒 89

居尔纪什·布尔斯酒庄

特选葡萄酒 90

佳慕庄园

卡斯克23葡萄酒 91

鹿跃酒庄

火山园葡萄酒 92

钻石溪酒园

多米纳斯葡萄酒 93

玛莎园葡萄酒 94

赫兹酒窖

尼邦—科波拉酒庄卢比肯葡萄酒 95

弗朗西斯·福特·科波拉

第一号作品葡萄酒 96

罗伯特·蒙大维

波亚克 Pauillac

碧尚男爵堡、碧尚女爵堡 97

拉菲—罗斯柴尔德庄园 98

拉图堡 100

木桐—罗斯柴尔德堡 102

佩萨克－雷奥南 Pessac-leognan
修道院奥比昂庄园 103
奥比昂庄园 104
波美侯 Pomerol
帕图斯堡 106
松树堡 108
卓龙堡 109
波玛 Pommard
艾培诺酒园波玛葡萄酒 110
阿尔芒伯爵
波尔图 Porto
波尔图葡萄酒 112
飞鸟堂
普里奥拉多 Priorato
莫卡多尔园红酒 113
西鲁亚娜庄园
杜罗河岸 Ribera del Duero
宝石翠古堡杰纳斯特级陈酿葡萄酒 114
亚历杭德罗·费尔南德兹
优尼科珍藏特级陈酿酒 115
贝加·西西里亚酒庄
里什堡 Richebourg
里什堡红酒 116
梅欧－卡慕赛酒庄
罗曼尼 La Romanée
罗曼尼葡萄酒 117
里基尔－贝莱尔
罗曼尼－康帝 Romanée-Conti
罗曼尼－康帝红葡萄酒 118
罗曼尼－康帝酒庄
拉·塔希 La Tâche
拉·塔希葡萄酒－康帝红葡萄酒 120
罗曼尼－康帝酒庄
圣－埃米隆 Saint-Émilion
金钟堡 121
奥松堡 122
白马堡 124
卡侬堡 126

圣－埃斯代夫 Saint-Estèphe
爱士图尔堡 127
玫瑰山庄 128
圣－朱利安 Saint-Julien
杜古－宝嘉龙堡 129
雷奥维尔－拉斯·卡斯堡 130
托斯卡纳 Toscane
西施佳雅葡萄酒 132
尼科罗·因吉萨·德拉·罗切塔
太阳园红酒 134
安提诺里世家
贝卡河谷 Vallée de la Bekaa
穆萨堡红酒 135
加斯顿·浩沙
麦坡谷 Vallée du Maipo
唐·梅尔乔红酒 136
干露酒厂
威尼托 *Vénétie*
维内卡苏红酒 137
洛尔丹·加斯帕里尼
罗讷河口 Bouches du-Rhône
罗讷河口地区餐酒 138
特瓦隆庄园
伏尔耐 *Volnay*
伏尔耐红酒 139
昂热尔维尔侯爵

实用地址 140
葡萄酒专业词汇 146
索引 150
参考书目·致谢 157
图片来源 158

经久不衰的激情

葡萄酒的历史，其实就是人类文明的发展史。当人类停止了四处漂泊的游牧生活，开始定居，开始从事农牧业，葡萄酒就诞生了。正如同人们播种小麦以制造面包，饲养牛羊以生产乳酪一样，葡萄的种植亦需要长久的时间与不懈的努力，更需要人们一代一代积攒的知识与技能。

在欧洲与东方，葡萄起初本是一种野生的植物，不过，在很久以前，人们便想到收集葡萄的果实来发酵制作一种甜美的饮料。据推测，早在公元前6000年左右，葡萄种植就已经出现在高加索及美索不达米亚地区，人们曾在该地区发现了关于古代浇祭的雕刻石板。3000年之后，葡萄种植又发展到了地中海东部盆地、腓尼基以及埃及地区，那时这些地区的丧葬习俗都与葡萄酒息息相关。此后不久，葡萄种植传入古希腊，公元前1000年，这项技艺又遍及意大利、西西里岛及北非地区。时间的指针向后拨动500年，葡萄种植及葡萄酒酿造便来到了法国、西班牙、葡萄牙地区，而当时的古罗马人同样也把这种美妙的技术带到了北欧。

发现于安条克的罗马镶嵌画，目前存于安塔基亚博物馆，画中描绘了酒神狄俄尼索斯。

从酒神狄俄尼索斯到查理曼大帝

古希腊，作为欧洲葡萄种植的摇篮，一直以来都把造酒这一神圣的艺术归功于酒神狄俄尼索斯。不过，在赫西俄德（Hésiode）所著的《工作与时日》（*les Travaux et les Jours*）中，曾描述了他在其位于维奥蒂亚州的田野中的葡萄种植与修剪活动，详尽地记载了关于葡萄的成熟、收获及压榨的各项技术。古希腊的葡萄酒基本上均属于甜型红葡萄酒，在酒中加入了蔗糖、香料、松香或煮沸并过滤后的海水，并且，当时人们饮用葡萄酒的时候，从不会喝纯酒，而是会向其中掺入水，然后再饮用。

通过老加图[①]的著作《农业志》（*De agri cultura*），以及此后罗马作家小普林尼[②]和科卢梅拉[③]的作品，我们可以清晰地了解到罗马人是如何种植、修剪以及嫁接葡萄的，另外，我们还能从书中了解他们是如何造酒以及酿造出来的葡萄酒的口味如何。当时在意大利南部坎帕尼亚地区的大型葡萄产区主要有卡普阿（Capoue）、那不勒斯、庞贝、维苏威火山地区以及库迈（Cumae）屯垦区，而所酿造出的最著名的酒则是一种名为法兰尼（Falerne）的陈年白、红葡萄酒。那时候人们喝酒也同样向酒中兑水。公元前6世纪，希腊人通过马赛港把葡萄传入高卢（现在的法国），并将葡萄栽培和葡萄酒酿造技术传给了高卢人。而后，随着罗马征服高卢，胜利的罗马人将崭新的葡萄种植及葡萄酒酿造技术带到了高卢，至此，高卢人便成了优秀的葡萄种植者。正是他们发明了酿造葡萄酒的大木桶，方便了葡萄酒的储藏与运输，成就了葡萄酒酿造的绝妙艺术。当时的葡萄种植园主要位于气候温和的波尔多地区、罗讷河谷地、勃艮第以及摩泽尔河地区，来自意大利的葡萄苗木极大地扩大了葡萄种植的面积，也激化了罗马产葡萄酒与高卢产葡萄酒之间的竞争。公元92年，罗马帝国皇帝戴克里先下令拔除高卢一半的葡萄

① 老加图（公元前234年—公元前149年）：罗马共和国时期的政治家、国务活动家、演说家。罗马历史上第一个重要的拉丁语散文作家。——译者注

② 小普林尼：罗马帝国元老和作家。——译者注

③ 科卢梅拉：公元1世纪的古罗马作家。——译者注

树以保证罗马本地葡萄果农的收成，很明显，这一法令可能并未完全执行。公元 280 年，这一命令被完全废除，葡萄种植的范围飞速扩大，很快扩张到了西班牙与德国。统治法兰克王国加洛林王朝的“神圣罗马帝国”皇帝——查理曼，其权势也影响了此后的葡萄酒发展，这位皇帝甚至在勃艮第地区拥有自己的葡萄园产业。

修道士与葡萄酒

蛮族入侵后，高卢地区经历了很长一段时间的萧条：饥荒、时局动荡、城市破败，甚至社会也开始倒退。但是，值得庆幸的是，自上古流传下来的古代文化在修道院中得到了庇护。当时的修道士是葡萄栽培和葡萄酒酿造的专家，他们完善了葡萄酒酿造的方法。特别值得一提的是这些修士们还精心选取并培育了欧洲最好的葡萄品种。大家都知道勃艮第的葡萄酒是法国传统葡萄酒的典范，然而很少有人知道，它的源头竟然是教会——西多会①。西多会不仅是欧洲传统酿酒灵性的源泉，也将基督教扩展到了比利时的佛兰德、德国以及英国。莱茵河沿岸的本笃会修士，遍及普罗旺斯、朗格多克及摩泽尔的西多会修士，还有那些位于匈牙利、俄国、奥地利及西班牙的修道会，正是他们成就了那些如今还赫赫有名的顶级葡萄种植园。当然，也不要忘了那些为葡萄酒酿造事业做出奉献的女修士，著名的汝拉地区的葡萄酒就是由夏龙堡（Château-Chalon）修道院里的修女酿造的杰作，而知名的吉恭达斯（Gigondas）葡萄酒则是圣安德烈 - 德普罗旺斯（Saint-André-de-Provence）的本笃会修女们酿造出来的。

可以说，修士们对葡萄种植的贡献实际上是对当时西方文明的重大推力，并且，此后的几个世纪中，葡萄种植及葡萄酒酿造成了世界经济的巨大推力。还有值得一提的是来自公元 650 年成立的奥特维莱尔修道院（Abbaye de Hautvillers）的唐 · 培里侬（Dom Pérignon）修士，正是他开启了现代香槟的酿制先河。到 15 及 16 世纪，欧洲最好的葡萄酒被认为就产在这些修道院中，16 世纪挂毯描绘了葡萄酒酿制的过程而勃艮第地区出产的红酒，则被认为是最上等的佳酿。而后，葡萄栽培和葡萄酒酿造技术由基督教徒和西班牙侨民传入加利福尼亚、南美洲以及澳大利亚，这些地区也就是我们如今所说的葡萄酒新世界。

极品葡萄酒的诞生

荷兰与英国逐渐崭露头角，成了海上的霸主，这也从根本上决定了如今我们看到的葡萄酒的地理分布。当时葡萄酒贸易不是很活跃的原因很简单，就是因为葡萄酒在运输的过程中难以良好地保存。于是，最早活跃于海上运输的酒类就是烧酒及白兰地，这也正是为什么荷兰人当时大量消费科涅克（Cognac）白兰地酒的原因。不过，也正是因此，葡萄种植在法国西南部蔓延开来，很快便成就了波尔多地区的知名葡萄酒，当时的英国人相当钟爱那儿产的一种紫红酒（Claret）。与此同时，西班牙及葡萄牙的红酒还有克里特岛和西普的甜型葡萄酒也得到了长足的发展，当时西班牙的贺雷斯（Xérès）白葡萄酒及葡萄牙波尔图产的葡萄酒掀起了一股难以抵挡的风潮，甚至在经济封锁时期一度将波尔多产的葡萄酒排挤在外。

随着法国与英国恢复贸易联系，波尔多再也不是唯一与西班牙及葡萄牙葡萄酒抗衡的斗士了。

荷兰代尔夫特（Delft）陶瓷制的小酒瓶，上面饰有家族纹章，彰显了酒庄主对自己优质葡萄酒的骄傲之情。

这只精致的细颈小酒瓶高 14 厘米，造于 1680 年，也就是说，在那个年代，人们便开始使用这种细颈瓶来盛酒了。

① 西多会：天主教隐修会。西多会遵守圣本笃会规，平时禁止交谈，故俗称“哑巴会”。西多会主张生活严肃，重个人清贫，终身吃素，每日凌晨即起身祈祷。他们在黑色法衣里面穿一件白色会服，所以有时也被称作白衣修士。——译者注

法国圣 - 埃米隆（Saint-Émilion）葡萄酒产区葡萄收获的场景，如今这里的葡萄收获仍保持手工操作。

可以说，当时各地葡萄酒之间的竞争是质量上的角逐，一切之中，品质至上。这也源于那个时代对高雅及精致的崇尚，特别体现在美食学及餐桌艺术上。那时吉伦特派的显赫们在英国商人的支持下首次甄选了第一批极品葡萄酒，酿造这些酒的葡萄全部产自优秀葡萄产区，酿造好的葡萄酒经过木桶窖藏后存放在优雅的玻璃瓶中。

葡萄根瘤蚜危机前后

夏尔·皮埃尔·蒙斯莱（Charles Pierre Monselet）在1854年所著的《领主的葡萄园》（*les Vignes du Seigneur*）中曾这样写道："奢侈筵席上，各种名酒汇聚一堂，拉菲（Lafite）葡萄酒与香贝坦（Chambertin）葡萄酒显得情同手足……看，雷奥维尔（Léovill）先生服饰装点繁复，恭谦地缓缓向前，与夏布利（Chablis）小声攀谈……穆西尼（Musigny），我们时常责备他过于高傲，此时正向圣 - 埃斯代夫（Saint-Estèphe）说道：'老天！当您在黎塞留（Richelieu）那里的时候，我还在莫里斯·德·萨克斯伯爵（Maurice de Saxe）那儿呢！'……其中一些真是交了好运，虽然稍显得战战兢兢，比如角落里正在向艾尔米塔热（Hermitage）微笑着的罗第丘（Côte-Rôtie）……这些美酒啊，他们用自己独有的自信与骄傲征服了世人！"没错，那段时间确实是葡萄酒发展史上相当辉煌的一段，但是，了解葡萄酒历史的人都会知道1864年那场可怕的灾难。在此之前的几个世纪里，人们总结并完善了无数葡萄种植与酿造的经验，创造出了数不胜数的经典名酒，然而，就在这一年间，整个欧洲的葡萄种植业面临着灭绝的危机。19世纪60年代，几只来自美国的葡萄根瘤蚜虫一下子席卷了整个欧洲，摧毁了一座又一座的葡萄种植园，这种黄色的小虫子繁殖能力非常惊人，它们如一场黄色的灾难，把整个欧洲弄得人心惶惶。疫情如蔓延的洪水无法停止，许多农民眼睁睁地看着自己的葡萄园被毁坏。有人发现把欧洲的葡萄连根拔起，然后再嫁接到美洲的葡萄上面，就可以对抗这场灾难，因为美洲的葡萄完全可以抵抗根瘤蚜。最终，这个方法成功了。

生物动力法的创始人尼古拉·乔利（Nicolas Joly）带着自己的马在葡萄园中工作。

这场灾难在法国整整持续了40年，直到1920年法国的葡萄种植业才慢慢恢复过来。

每瓶名酒背后都有一个激情满满的人赋予它灵魂

如果说有一种文化是毅力、激情与品位的展现，那无疑非葡萄酒酿制莫属了。世界上每一种伟大名酒的背后事实上都有一个赋予它灵魂、个性与美丽的人，这个人并非只单纯是葡萄酒酿造师，他还是葡萄园园主、葡萄种植者或酒库管理者。因为抛开一切高科技及机械化不管，葡萄种植事实上就是精心地呵护葡萄苗。然而，如果说得更文艺、更含蓄一些，那么生长着葡萄的土地也是我们所说的那个"人"。这比喻意义上的"人"和之前我们所说到的那个人是相互交融在一起的。显而易见，我们怎能够把让·菲利普·戴

葡萄酒瓶手工加塞工序，当时人们便是用这种工具为葡萄酒塞上瓶塞（图中正在加瓶塞的酒是一种面上有微沫的香槟酒）。

马斯（Jean Philippe Delmas）同著名的奥比昂（Haut-Brion）分开而论，还有埃里克·德·罗斯柴尔德（Éric de Rothschild）与驰名的拉菲堡（又称拉菲-罗斯柴尔德堡），亚历山大·德·绿-沙吕思（Alexandre de Lur-Saluces）和伊甘堡（Château d' Yquem），亨利·古热（Henri Gouges）与夜-圣-乔治（Nuits-Saint-Georges）酒庄，让-路易·特拉佩（Jean-Louis Trapet）与香贝坦酒庄，尼古拉·乔利与赛宏河坡酒庄（la Coulée de Serrant），埃蒂安·吉佳乐（Étienne Guigal）与罗第丘葡萄种植区，亨利·贾伊尔（Henri Jayer）和依瑟索（Échézeaux）酒庄。不论是在法国，还是在整个欧洲，我们都不能把这些雄心勃勃的实践家与那生机满满的葡萄产区分开而论。因为不论是在法国摩泽尔（Moselle）的峭壁上，还是在美国纳帕（Napa）谷中广阔的葡萄种植园中，不论是在加拿大尼亚加拉瀑布近旁的肥沃土地上，还是在美丽的意大利基安蒂（Chianti）地区，或是在西班牙的赫雷斯（Jerez）或遥远的南非，人与酒的关系就如同与生俱来，那样古老又牢固。法国餐饮作家雷蒙德·杜梅（Raymond Dumay）曾这样优美地描写道："葡萄酒是傲慢的，因为它可以说是这个星球上最无用的产物，所以只有仰仗着高傲，它才能存活下来。它为自己的荣耀而战，而它真正的荣耀就是奇妙地与人类相遇。人们把葡萄从泥土中拾起，全身心地赋予了它生命，将它推上荣誉的顶峰……"正是如此，只有这样神秘而出色的葡萄酒才称得上是传奇的葡萄酒，他们都是独一无二的，实实在在的。

传奇好酒的定律

经粗略统计，世界上的优质葡萄酒不下几百种，如何在这众多的骄子中选出最好的呢？我们应该以什么标准去优选最出色的精英呢？一个标准——质量，有了它我们便可以相对简单地判断一瓶酒的优劣（当然，这并不代表能很容易达到这一判断标准）。想要酿造一瓶绝世好酒首先要有一块肥沃的土地，可以孕育出优良的葡萄果实，从而酿造出优质的葡萄酒，而后，随着时间的推移，佳酿在窖藏中慢慢变得陈香，其出众的细腻或力度也会随之彰显出来。如果说一款葡萄酒是优质的，那么影响它的因素可以分为两方面，一方面当之无愧的是自然条件，而另一方面则是人力影响。法国著名诗人及散文作家让·奥里泽（Jean Orizet）曾说："想要成就一款优质葡萄酒，首先要有一个疯子去种葡萄，然后有一个智者进行管理，一个头脑清晰的艺术家来酿造，最后还要有一个痴情种子来品尝它。"

名酒拍卖如今相当流行，就好比1997年3月20日佳士得（Christie's）拍卖行举行的拍卖会中便集结了波尔多地区顶级葡萄种植园产的红白葡萄酒。

不过，想要在已然缩小的范围内再具体到100种，这就有必要再引入一个补充因素，即知名度。这一特殊的标准好似超乎了葡萄酒酿造本身，但是，如果说一款酒能够历经几个世纪而不衰，享负盛名，那么它就真正算得上是传奇葡萄酒（当然，要抛开那些年景较差的年份）。翻过这页，大家马上就可以走入我构造的这100种顶级葡萄酒的世界，其实，要在万千美酒中甄选出这100种真的很难。不过，这一选择的过程也是值得享受的，因为它是一种对至美的追求，一种纯粹的艺术。

香槟

一枝独秀

盛有酿酒过程中尚未经过陈酿的葡萄汁的橡木酒桶，待到充分陈化后，木桶中的酒便会被装到玻璃酒瓶中窖藏。这些酒桶带着优美的轮廓和丝丝木香，秉承了库克家族一贯的酿酒传统。

很久很久以前，也就是在17世纪末期，一座由修士创办的葡萄种植园拔地而起。1750年，美尼尔地区的本笃会修士离开葡萄种植园，于是，这座酒庄几经人手，直到1971年被库克（Krug）兄弟买下。就像我们之前提到的，这座葡萄种植园本是本笃教会的产业，位于香槟区白丘（la Côte des Blancs）奥格河畔小镇美尼尔（Mesnil-sur-Oger），面积仅有1.85公顷，却有着绝佳的风土。它面向东南，园内的土壤为黏土、黑石灰土、碎石以及磐石，这些相当有利于霞多丽葡萄的生长，加上气候适宜，每一粒葡萄的成熟度都恰到好处，于是便成就了该处独一无二的佳酿。

时光飞逝，经过五辈人的艰辛努力，库克家族一直以其寥若晨星的产量、传承经典的品质和独具个性的韵味酿造着自己独具个性的香槟。1998年，法国路易威登酩悦轩尼诗集团（LVMH集团）将其收入旗下，不过库克家族以及他们那至今还被英国皇室尊崇的经典香槟都深深铭记在人们心中。那是一种对完美与传统的追寻和坚持不懈的努力，可以说库克家族创造的香槟酒是只有精英才懂得品尝的美味。在美尼尔葡萄园（Clos du Mesnil）中，葡萄收获的时候就仿佛一场隆重的仪式，工人们小心翼翼地把一串串葡萄收割下来，避免在葡萄果实上造成细小的伤斑……

库克罗曼尼钻石香槟（Clos du Mesnil Krug）色泽金黄剔透，有着超高的酸度，扎实而不突兀。倾倒出来，玻璃杯间荡漾的满是这飘洒着徐缓及优雅气泡的温暖液体。可以说，这款酒是世界上最为罕见、最昂贵的酒，也是这世上最复杂的酒。这款绝妙的酒既有迷人的优雅，也有睿智的深邃，它们相互交织，在金黄柔和的液体中激荡出灵动的气泡。轻嗅一下，鼻腔间充满了焦糖奶油与杏仁的美妙滋味，那是被冰霜包容的霞多丽白色葡萄散发出的特有味道，存放一二十年而不会有

库克家族有四个顶级葡萄种植园，其一位于香槟区白丘奥格河畔小镇美尼尔，其二位于马恩谷的艾镇，还有就是位于兰斯山脉的特雷佩县和安邦内县。在这里，每逢葡萄收获的季节，庄园中就仿佛展开了一场隆重的仪式一般。

品质崩坏之虞。库克罗曼尼钻石香槟是当之无愧的白中白（Blanc de Blancs）①香槟，库克兄弟俩花了8年的时间，打破了其家族100多年来坚持以混合酿造香槟酒的神圣传统，第一次用同一年份、单一葡萄园产出的单一品种葡萄酿造香槟。于是，这支孤傲的白中白库克罗曼尼钻石香槟诞生了。为了确保这款酒的质量，库克罗曼尼钻石香槟不是每年都会酿制，在葡萄欠佳的年份，这款香槟都会放弃生产，从而更增添了这款琼浆玉液的稀缺性。

创始人的曾孙亨利·库克（Henri Krug）喜欢把自己酒庄出产的库克陈年香槟（Grande Cuvée Krug）比喻作一首柔美的交响曲，其间各种乐器流畅地挥洒，灵动的音符，融汇在一起；而库克罗曼尼钻石香槟就好像是一曲奏鸣曲，高傲不羁，洋洋洒洒地展现着自己独一无二的个性，一种库克家族独有的风格。每一年份的库克罗曼尼钻石香槟都有着其独特的个性：1979年产的散发着完美的古典主义风范；1981年产的则朝气蓬勃，轻快灵动；1982年份的有着强劲的力度；1985年的则丰满繁茂……一枝独秀，恐怕这个词是形容库克罗曼尼钻石香槟的最佳字眼。一般来说，这单一由霞多丽白色葡萄酿造的绝世好酒仅限单独品尝，但是其丰满的果味及其难以名状的生动感在黄油煎鱼或是以杏仁或干果为主料的甜品陪衬下更显清爽。

① 香槟一般用三种葡萄混合酿制而成，分别是白葡萄霞多丽、黑葡萄黑皮诺和莫尼耶皮诺。霞多丽白葡萄提供清新味道和高贵细致的轻快感觉及酸性，使葡萄酒散发山楂、白柠檬和热带水果的香气；黑皮诺黑葡萄增添丰富的果香和强度，令酒质丰盈、酒香绵长；莫尼耶皮诺散发着圆润风格和馥郁花香。色泽浅淡是黑皮诺和莫尼耶皮诺的特点之一，因此取去葡萄皮后，它的果肉也能酿成白葡萄酒。在香槟瓶上标示“Blanc de Noirs”，以纯黑葡萄酿制的白酒，便是黑中白；若是：“Blanc de Blancs”，即以纯白葡萄酿制，是100%的霞多丽，就是白中白。——译者注

彰显力度、细腻度并带着醇厚果香的香槟

象征了奢华与澄净的水晶将这款香槟独一无二的气质彰显得淋漓尽致，使它成为一款传奇名酒。

传说俄国沙皇亚历山大二世曾把自己的内侍派往法国兰斯省（Reims）去寻觅好酒，内侍找到适合沙皇口味的美酒就将其装入水晶瓶中，如此便成就了勒德雷尔水晶香槟（Cristal Roederer）这款绝世好酒。勒德雷尔（Roederer）家族的香槟商行创建于18世纪下半叶，而在路易·勒德雷尔（Louis Roederer）这一代则第一次用自己高品质的香槟征服了俄国市场。如今，他们所出产的香槟酒仍是香槟中的娇宠。路易·勒德雷尔的成功并不仅仅是因为这支勒德雷尔水晶香槟，其制胜原因是多方面的，比如他们独特的金色瓶身。不过最为重要的还是那绝世佳酿的高超品质。

勒德雷尔家族拥有180公顷的葡萄种植园，主要位于香槟地区的兰斯山脉、马恩谷及白丘这三个地区，主要种植霞多丽和黑皮诺两种葡萄，其所有的葡萄种植地大约100%都为中上乘品质，也就是说酿酒所需的原材料质量相当不错。这些葡萄种植园的区域微型气候相当稳定，因此不管年景如何都能保持一贯水准。正如美食家尼古拉·德·拉波迪（Nicolas de Rabaudy）在其所著的《梦幻的葡萄酒》（*Vins de rêve*）一书中写到的："卢瓦（Louvois）、屈米耶尔（Cumières）及奥特维莱尔（Hautvillers）的优质黑皮诺赋予它诱人的果香；舒伊利（Chouilly）、克拉芒（Cramant）、美尼尔及韦尔蒂（Vertus）的霞多丽赋予它细腻的口感、清爽的气息还有难以捉摸的缥缈感。"不过，在酒窖管理者米歇尔·邦素（Michel Pansu）看来，一支上好的香槟需要满足以下3个条件：细腻度、力度和果香浓郁度。勒德雷尔出品的所有酒都首先要具备这3要素，其次

勒德雷尔家族的酒庄所出品的香槟酒绝世罕见，就比如这广负盛名的勒德雷尔水晶香槟，将力度与细腻度天衣无缝地结合在一起。从1876年俄国沙皇命令打造以来，它便一直秉承着一贯的优质，地位卓绝。

勒德雷尔豪宅的奢华客厅，充分展现了对高雅传统的追求，而这也是勒德雷尔水晶香槟所展现出的独特气质。

勒德雷尔酒庄几个葡萄种植园中的优质葡萄充分满足了酒庄酿造高品质葡萄酒的要求。

才是各自彰显出独特的个性魅力。如果说勒德雷尔顶级香槟（Brut Premier）着重表现力度，那么勒德雷尔水晶香槟则注重洋溢出一种高贵和典雅。酿造这种酒的葡萄 50% ~ 60% 都是黑皮诺，40% ~ 50% 为霞多丽。香槟酒的风味会随年份变化。勒德雷尔水晶香槟在创制之初就博得了喜欢甘甜口味的沙皇亚历山大二世的欢心，至今都广受欢迎。它的成功如此持久，地位也如此卓绝，堪比酩悦的唐·培里侬香槟王（Dom Pérignon）。酒庄传人让-克劳德·鲁佐（Jean-Claude Rouzaud）是个完美主义者。对他来说，酒体比泡沫更重要，最值得精细秉承的就是之前我们说到的细腻度、力度和果香浓郁度。他限制香槟的产量，因为他想尽可能地控制葡萄的质量。他曾说："不管任何条件，我都会在春天决定要不要酿造水晶香槟。"在他的坚持下，这支传奇的水晶香槟历经几十年却仍能彰显出与创制之初一样的力量、细腻和醇厚的果香。勒德雷尔水晶香槟芳香浓郁且复杂，十足的果香掺杂着丝丝香料气息，口感和谐，虽强悍有力却也柔和得体，让人感触到绝妙的高贵和典雅。这种香槟外面有金色纸张进行包装，只有在饮用前才打开。因为勒德雷尔水晶香槟的酒瓶晶莹剔透，不像其他香槟瓶子是绿色或棕色，遮挡不了太阳的紫外线，所以需要另加一层保护膜。水晶香槟的保存要求很高，据说如把保护膜打开放在太阳下极短的时间就会变坏。一般来说，人们喜欢单独品尝这绝世佳酿。这美妙的跳动着气泡的酒不光承载着难以名状的美味，还承载着高雅的气质，象征着尊贵与神秘。

勒德雷尔家族的香槟商行创建于 1776 年，而在路易·勒德雷尔这一代则第一次用自己高品质的香槟征服了俄国市场。如今，他们所出产的香槟酒仍是香槟中的娇宠。

无可比拟的丰盈

罗兰百悦酒庄位于马恩省的中心地带——马恩河畔图尔，是此处相当稀少的几家香槟酒园之一。

罗兰百悦（Laurent-Perrier）酒庄位于马恩省（Marne）的中心地带——马恩河畔图尔（Tours-sur-Marne），坐落于兰斯山脉的东南麓。在全世界范围，罗兰百悦香槟被一致公认为最好的香槟酒，这全仰仗于酒庄一直以来坚守的信念，即对自然与葡萄酒的尊重，对品质的高标准。对他们来说，年复一年的辛勤劳作换来的精美香槟就是为节日而准备的。著名俄国酒商亚历克西斯·利希纳（Alexis Lichine）曾这样写道："诚然，有一部分人喜欢在每餐都喝香槟……也有的人不管是早上还是夜晚都乐于打开一瓶香槟，细细斟酌，但是，最为普遍的，还是在节日的欢庆中，人们叫闹着打开瓶塞，让那欢愉的液体喷薄而出……随后把这柔软金黄的液体盛在晶莹的玻璃杯中轻轻荡漾。"该酒庄最著名的一款香槟非亚历山大盛世粉红香槟（Grand Siècle Alexandra rosé）莫属。这酒是为了庆祝酒庄掌管者贝尔纳德·德·诺南古尔（Bernard de Nonancourt）的长女的婚礼而创造的。这款酒的酿制方法相当独特，酿酒的葡萄80%以上为黑皮诺，其余则是霞多丽，两种葡萄混放在一起经过3天的浸渍，主要为了更好地彰显这两种葡萄的独特香气，然后便是长达6年的窖藏。罗兰百悦盛世香槟（Cuvée Grand Siècle Laurent-Perrier）的酒体仿佛带着冬天落日的余晖，那是一种淡淡的粉色，微微透着金黄。轻嗅一下，一种近乎蜂蜜和烤土司的香甜气息扑面而来。轻抿一口，强劲的口感充盈在唇齿间，果香盎然，是匹配野味或是微苦的黑巧克力的不二之选。

图中这线条婀娜的酒瓶中所装盛的便是传奇的罗兰百悦亚历山大盛世香槟，它那近乎冬日黄昏暖阳颜色的酒体柔和且高雅。

90年以来香槟中的佼佼者

甄选与珍贵，这便是沙龙香槟独到的品质。

法国疯狂年代时期，马克西姆餐厅已将沙龙香槟奉为其窖藏香槟。

如果这世间有一种臻于完美的香槟，那无疑就是沙龙香槟。20世纪10年代，艾梅·沙龙（Aimé Salon），一个狂热的香槟爱好者为了自己一直以来的梦想创造了这种世间罕有的酒。艾梅·沙龙的父亲不过是香槟地区的一个普通车匠。可是艾梅·沙龙却不甘平凡，前往巴黎，通过皮草业发家致富并成了巴黎纸醉金迷社会中的显赫人物。然而，在事业上功成名就的他没有忘记自己的梦想——创造一种白葡萄制的白色香槟。这种酒一定要出自顶级酒窖，酒体既要华贵又要口感绵密细腻厚重。于是，1920年，沙龙酒庄（Maison Salon）落成。作为酒窖的创建者，艾梅·沙龙慷慨大方，并痴迷于一切美好的事物，醉心于创造。就是这样，他以其独特的审美观及魅力吸引了周围一些香槟爱好者并成为酒庄常客。艾梅·沙龙一直管理着酒庄，直到1943年去世。此后，酒庄由其侄孙继承，继而由两个大型集团接手，直到1988年被罗兰百悦收购。沙龙酒庄位于香槟区白丘地区，酒庄只出产一种香槟——沙龙S香槟（Cuvée S Salon），制造这种香槟的葡萄产自酒庄创立者当年开发的沙龙园（Jardin de Salon），一小片仅有1公顷大的土地，以及创立者自己甄选的另外20块奥格河畔小镇美尼尔中的小片儿土地。沙龙香槟的瓶身上所标的年号和窖号往往独一无二，也就是说这种香槟的酿造是限量的。众所周知，香槟酿造必须选用最佳年份产果的葡萄（平均每两到三年大约可以算一个周期）。最佳年份所产的葡萄果粒丰满，甜度及酸度适中并散发馥郁的果香，而这种果香随着年份的增长，有时会幻化成果仁或柑橘的芬芳，有时会稍稍带着花朵的芳香，有时会隐隐散发出阵阵烟熏的味道，或是糕点的淡淡甜香。沙龙香槟惹人喜爱的甜度使得这种酒在入口后清冽甘甜，丰富的气泡会在唇齿间跳动舞蹈。S香槟称得上是世间无与伦比的醇厚且高贵的一种香槟，入口回味悠长，口感细致绵密，强烈而又复杂多变。一般要窖藏至少8年才会有这种独特口感。

醇厚与精致

屹立于埃佩尔奈区奥特维莱尔修道院的唐·培里依修士的雕像。他用毕生的努力创造了发泡香槟，也成就了酩悦唐·培里依香槟王。

可以说，在众多香槟商行中，酩悦（Moët）香槟商行是最为庞大的，其葡萄种植园面积就达900公顷，仅用自己产的葡萄就可酿造2100万瓶好酒。1743年，居住在埃佩尔奈区（Épernay）的克劳德·莫埃（Claude Moët）开创了自己的香槟厂。在此，我们先讲另外一个故事，有关香槟之父唐·皮埃尔·培里依（Dom Pierre Pérignon，1638—1715）的故事。早在1668年，年轻的修士唐·皮埃尔·培里依开始担任奥特维莱尔修道院酒窖管理人。为了实现“酿造世界上最好的酒”的抱负，他凭借天赋和洞察力，经过了47年的实践和不懈努力，最终给静态葡萄酒赋予了新的形态，注入了新的灵魂，在白葡萄酒中首次加入了气泡，给人以跳动的口感享受。他曾这样形容自己的杰作：“马恩省所产的葡萄酒本来就质量上乘，口感细腻，然而，我发现通过二次发酵和向酒中加糖，会使酿制的葡萄酒产生一种难以名状的独特感。为了精确地向酒体中加入适当的气泡，我尝试了很久，不过现在已经可以运用自如了。”可以说，唐·培里依这个名字在全世界范围都不陌生。他就如同璀璨的星辰般熠熠放光，而酩悦也正是将唐·培里依这段故事精心渲染，推出了这经典绝伦的美酒佳酿。就好像伏尔泰在《凡夫俗子》（*le Mondain*）一剧中所写：“从这清爽之酒中噼噼啪啪烁烁放光的气泡中便可看到我们法国民族思想那熠熠的光辉……”唐·培里依香槟王（Dom Pérignon）堪称经典，而唐·培里依粉红香槟王（Dom Pérignon rosé）则更是稀有，是经典中的经典，它那梦幻又神秘的液体中缓缓升起气泡，诱惑着无数的爱酒之人。倾倒在高脚杯中，举到近前，就那样轻轻地抿一下，嘴唇在触到酒体的时候仿佛被猛地震撼了一下，带着丝丝的麻酥感……起初，也就是在1936年，唐·培里依香槟王的酿造仅供酩悦商行。1943年出品的

唐·培里依香槟王的迷人之处就在于它那魅惑的颜色，让你迷失其中：淡淡的粉红色隐隐散发着橘色，稍稍带着古铜色泽的粉红，介乎于胭脂红和茜红色之间。轻抿一口，气泡在唇齿间跳动，和谐丰富的口感在口腔中蔓延。

唐·培里依粉红香槟王的精致口感可以搭配不少美食，如烤梭鲈、无花果烧鸭或是烤肉。

1988 年份的粉红香槟王可谓独树一帜。它的口感彰显出一种与众不同的平衡，而其中酿造时需要用到的黑皮诺起了很大一部分作用。1988 年收获的黑皮诺无疑再次满足了这款经典香槟的独特需求。

唐·培里依香槟王主要为了庆祝商行 200 周年纪念日。而如今，唐·培里依香槟王则缔造了香槟酒的神话，经过酿酒师精心调配，在黑皮诺与霞多丽两种葡萄之间选取平衡，每一次都会有所不同。

根据葡萄压榨酿造工艺，唐·培里依香槟王那迷人的玫瑰色其一是利用软浸提法，从果皮中获取颜色，其二是加入少量当地红葡萄酒而获取。不管哪种方法，这魅惑的粉红色香槟王比白色的稀有得多。

香槟王酒体那梦幻般的颜色让人沉醉，炽热跳跃的粉红色散发着淡淡的橘色，介乎铜粉和茜红色之间。一瓶陈年的唐·培里依香槟王有两点值得品味：其一是当年著名修士唐·培里依酿酒时几经尝试，秉承至今的酒品风格的醇厚与精致；其二则是产酒当年香槟的固有风味。唐·培里依香槟王总酿酒师理查德·杰弗里（Richard Geoffroy）品尝过 1988 年粉红香槟王之后如是说：“少有的暖冬以及过早且仓促的花期过后，1988 年份的唐·培里依香槟王又经历了多雨且酷热的炎夏。这一年的酒酒品细腻且清冽，酒体粉红剔透隐隐散发出铜粉色。轻轻嗅一嗅，一种介乎无花果干和糖渍樱桃间的芳香气味扑鼻而来。而后则是阵阵的蜂蜜和烤面包清香。慢慢抿一口，气泡在口中带给味蕾绵密、强烈而又细致的触感。最终，醇香在口中化成淡淡的香草香味。”

白葡萄酒

绝妙的荔枝芬芳

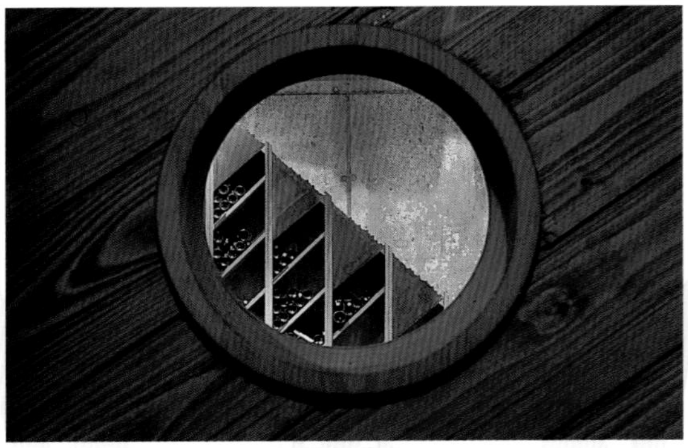

透过酒窖这小小的观测孔，隐约可以看到那尘封在一排排酒瓶中的绝美佳酿。

好酒还需好地养，一直以来便是不争的真理，而辛·温贝希特酒庄（Domaine Zind Humbrecht）正向我们验证了这一真理。自建庄以来20多年间，其葡萄种植园面积翻了8倍，优质的葡萄酿成了陈年佳酿，也把辛·温贝希特酒庄推上了世界顶级葡萄酒酿造的舞台。17世纪初期，温贝希特家族（Humbrecht）便已经成为了阿尔萨斯地区的葡萄园园主。如今，酒庄的事业更是如日中天，现任负责人奥利维尔·温贝希特（Olivier Humbrecht）秉承父亲雷奥纳尔（Léonard）的葡萄种植及酿酒方法，延续着家族的传奇。酒庄主要种植三种优质葡萄：雷司令、托卡伊及琼瑶浆，每种葡萄都彰显着自己与众不同的个性。其中琼瑶浆葡萄酿出的葡萄酒带着馥郁的花香，飘逸着甜美的荔枝与水蜜桃香味，还夹杂着浓郁的老姜、月桂与胡椒的香气。每一种葡萄在阿尔萨斯地区的产量都属低产，却有着相当沉稳的集中力与厚重感。

土尔克海姆小镇的微气候相当利于贵腐霉菌的生长。

这种绝美佳酿中，被冠以"选粒贵腐琼瑶浆白葡萄酒"（SGN）的则更为上品，其量少，而价格也最贵。"选粒贵腐琼瑶浆白葡萄酒"的意思就是挑选最稀有的果粒。一般来说，这种酒通常被称为贵腐酒，就是挑选含糖量极高的过熟或迟摘葡萄，甚至是那些因感染贵腐霉菌而变成葡萄干的葡萄来酿酒。这样酿造出来的葡萄酒不光口感更浓、更甜，其香气也会浓得如同打翻香水瓶。"gewurztraminer"（琼瑶浆），这个词事实上来源于词汇"gewürz"（意思为：香料），顾名思义，琼瑶浆葡萄有着极其深邃的香气，其口味是任何一种葡萄都难以模仿与匹敌的，用迟摘的琼瑶浆葡萄酿造出的酒有着相当浓郁的甜润口感。

辛·温贝希特酒庄选粒贵腐琼瑶浆白葡萄酒（Gewurztraminer Sélection de Grains Nobles Domaine Zind Humbrecht）带着独一无二的甜润，那果香浓郁的芬芳仿佛从眼前的高脚杯中喷薄而出，那样的厚重与大气，带着女人特有的性感与妖艳，沁人心脾。

无与伦比的纯净本色

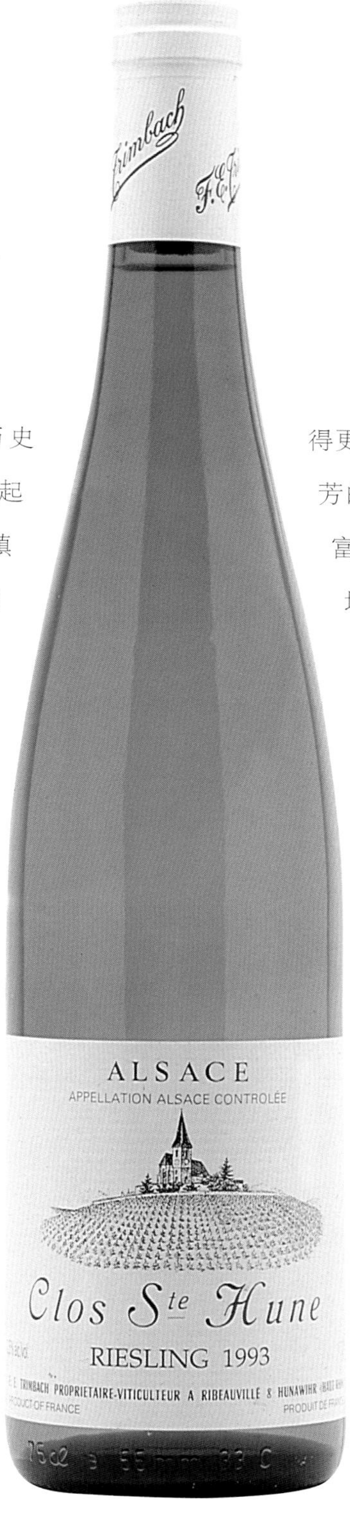

婷芭克酒庄（Maison Trimbach）历史悠久，建庄至今已有 4 个世纪之久。起先婷芭克只是阿尔萨斯地区里博维莱镇（Ribeauvillé）的一个葡萄种植家族。酒庄葡萄园位于孚日山脉脚下，被 3 座雄浑的古堡环抱其中，可以说婷芭克酒庄是阿尔萨斯这片神奇土地上一颗璀璨的明星。酒庄至今还沿袭着“短笛节”的古老传统。每到这个节日，成千上万的杂耍艺人和民众又唱又跳地来到红酒喷泉处开怀畅饮。婷芭克酒庄出产的佳酿弥足珍贵，还时时彰显出一种难以名状的高贵感。现任酒庄管理者于贝尔 · 婷芭克（Hubert Trimbach）曾这样谦虚地品评自己酒庄中的佳酿：“这里的每支酒都充满活力，带给人们细腻绵润的享受。”

雷司令葡萄是世界上最好的白葡萄，其果实娇小，呈淡黄色，汁水不多，在寒冷的地方比温暖的地方生长得更为理想。冠名为雷司令的葡萄酒往往带着一种压倒群芳的高贵感，有着浓郁的果香。可以说，雷司令是一种富于变化的葡萄，果香多样，从桃子或柑果的香味、异域水果的特色香味到蜂蜜的甜香都有涵盖，它们时而浓厚，时而清新，以其千变万化令人感到新奇。婷芭克酒庄中有一小块占地 1.4 公顷的葡萄园——圣 - 胡内葡萄种植园（Clos Sainte-Hune）。这块葡萄种植园中的土地为泥灰质，所出产的雷司令葡萄在阿尔萨斯地区数一数二。不过，想要品尝到这绝世佳酿，您一定要有非凡的耐心，因为它是经过 20 年的陈酿，口感纯净得近乎完美。当然，还有那力度超群的甘醇感觉，都会让您为之倾倒。

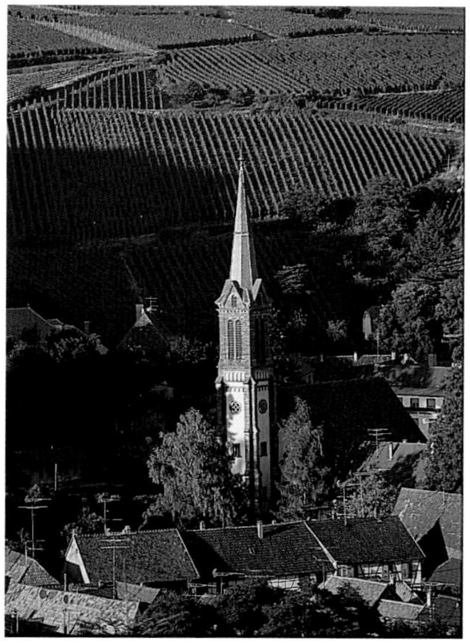

圣 - 胡内葡萄种植园就位于上图中里博维莱镇两公里以南、于纳维镇处。其历史悠久，200 年以来一直是婷芭克酒庄的专用葡萄种植园。

贵腐托卡伊－灰皮诺白葡萄酒（Tokay-Pinot Gris）所用到的葡萄都是过熟葡萄，可谓酒中精品。

酒中尊者

15世纪，忽格父子园的葡萄酒便已经在阿尔萨斯地区崭露头角。两个世纪后，汉斯·于尔里克·忽格（Hans Ulrich Hugel）将酒庄建在风景如画的里克维尔小镇，忽格家族也慢慢成了阿尔萨斯地区葡萄酒酿制的引领者。

1639年，也正是在著名的三十年战争①期间，忽格（Hugel）家族便落户于阿尔萨斯地区的美丽村落里克维尔（Riquewihr）。这座彩色的小镇风景如画，中世纪的艺术和建筑让人仿佛置身于古老的时光中。村庄里满眼都是传统的木结构房屋，木制的墙围拐角上精雕细琢，让人浮想联翩。高高的钟楼见证着时间的流逝，还有那精致小窗边一盆盆质朴多彩的鲜花，一切都让这座小镇如同一个饱盛着名画的画廊。酒庄的老主人让·忽格（Jean Hugel）就出生在这座美丽的小镇，从1948年到1997年和他两个兄弟一起管理他们的家族葡萄酒企业。让·忽格是一位受到整个葡萄酒世界喜爱的人物，是一个对葡萄酒充满热情的老人。他用自己的一生为阿尔萨斯及其葡萄酒——特别是晚采和选粒贵腐葡萄酒而奋斗。经过了7年的艰苦奋战，1984年3月1日，他为这些葡萄酒所起草的生产条件法律文本终于得到了正式认可，而这些条文也被称为“忽格法令”（Loi Hugel）。忽格家族共有以下几个品种的葡萄：琼瑶浆、麝香葡萄、托卡伊还有著名的雷司令。在葡萄种植上，酒庄拒绝使用化肥，低量生长，葡萄藤平均年龄达33年，始终坚持手工采摘。法国法律对贵腐酒的要求比起其他酒更为严格，法国国家原产地名称局（INAO，Institut national de l'origine et de la qualité）规定：酿酒师在酿酒前必须申报其预期的产量；最低酒精度必须相当高（至少19°）；禁止掺糖；主管机关有权检查，并且装瓶15个月后才决定是否核准其为贵腐酒。除非是阿尔萨斯地区最好的酒园，否则根本不敢动手一试这种成本高且困难度高的葡萄酒。

忽格父子园（Maison Hugel et Fils）所产的选粒贵腐托卡伊－灰皮诺白葡萄酒（Tokay-Pinot Gris Sélection de Grains Nobles）有着浓烈的香气，其中的酒精与残糖完美地结合在一起，形成醉人的平衡，令人眷恋，是葡萄酒中的至尊。

① 三十年战争（1618年—1648年）：是由神圣罗马帝国的内战演变而成的全欧参与的一次大规模国际战争。——译者注

神秘的力量与细腻

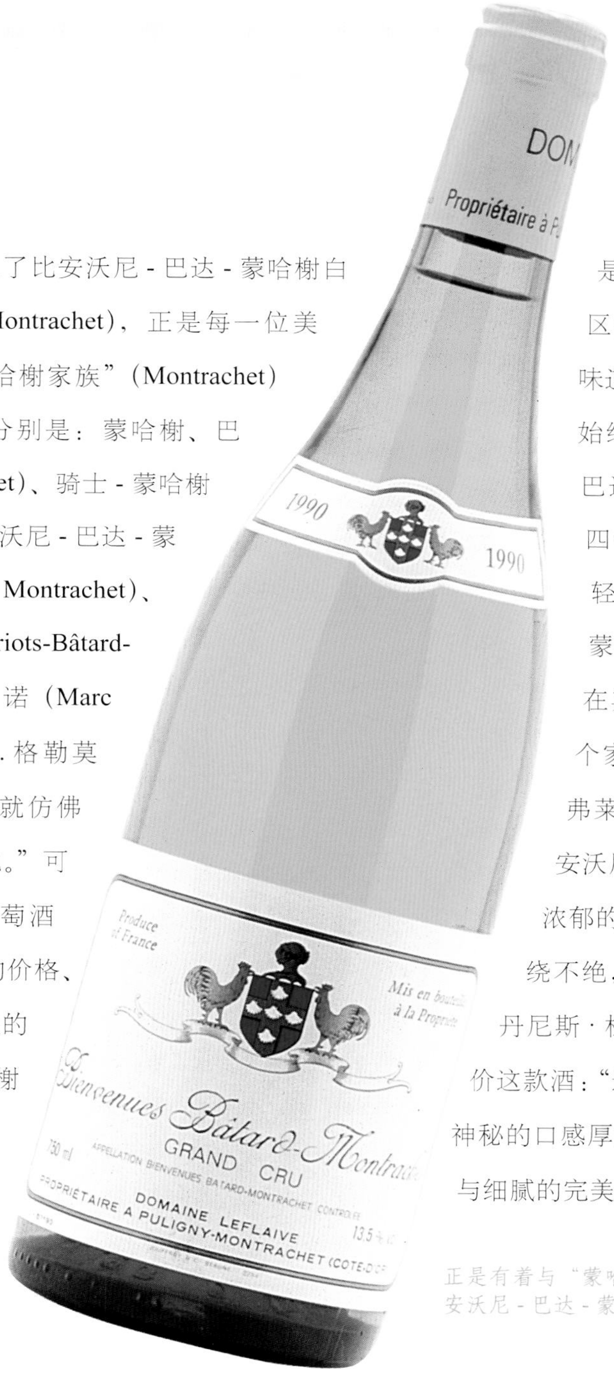

20世纪30年代末，诞生了比安沃尼 - 巴达 - 蒙哈榭白葡萄酒（Bienvenues-Bâtard-Montrachet），正是每一位美酒爱好者都梦寐以求的“蒙哈榭家族”（Montrachet）6成员中之一。这6位成员分别是：蒙哈榭、巴达 - 蒙哈榭（Bâtard-Montrachet）、骑士 - 蒙哈榭（Chevalier-Montrachet）、比安沃尼 - 巴达 - 蒙哈榭、少女蒙哈榭（Purcell Montrachet）、克利优 - 巴达 - 蒙哈榭（Criots-Bâtard-Montrachet）。如马克·默诺（Marc Meneau）的御用酒务总管C.格勒莫（C.Gremaux）所说：“蒙哈榭就仿佛质朴的圣所，一片神圣的土地。”可以说，这6款葡萄酒是白葡萄酒中的天王家族。然而，它们的价格、产量以及酒体的口感都有极大的不同。比安沃尼 - 巴达 - 蒙哈榭毗邻巴达 - 蒙哈榭，其特点明显也带着些许充盈、厚实与丰满。如果要把他们分出三六九等，那么蒙哈榭则是博讷地区天王中的天王。8公顷的顶级产区位于一个面向东方的缓坡，酒体口感纯净，味道复杂。排在第二的当属骑士 - 蒙哈榭，它始终带着一种柔润的细腻与和谐。第三名是巴达 - 蒙哈榭，其特点是口感丰盈饱满。第四名为克利优 - 巴达 - 蒙哈榭，其口感柔和轻巧。而我们现下介绍的比安沃尼 - 巴达 - 蒙哈榭白葡萄酒则带着与众不同的特点，排在其后。最后一支则是少女蒙哈榭，它是整个家族中最善解人意的一员，口味清淡。勒弗莱维酒庄（Domaine leflaive）的白葡萄酒比安沃尼 - 巴达 - 蒙哈榭白葡萄酒芬芳馥郁，带着浓郁的果香。轻抿一口，浓厚的醇香在唇齿间萦绕不绝，丰满而有力。法国三大飞行酿酒师之一丹尼斯·杜布尔迪厄（Denis Dubourdieu）曾这样评价这款酒：“这款神秘的酒可谓白葡萄酒中的集大成者，神秘的口感厚重醇香，迸发出难以名状的清新，是力量与细腻的完美结合。”

正是有着与“蒙哈榭家族”其他成员不同的个性，比安沃尼 - 巴达 - 蒙哈榭白葡萄酒延续着自己的传奇。

正是夏布利干白这股势头强劲的风潮唤起了世界各地霞多丽葡萄的种植热。

干白葡萄酒中的典范

在距离巴黎东南方向约180公里的地方，也就是在约讷省（Yonne）首府欧塞尔（Auxerre）和托内尔（Tonnerre）小镇之间，有一片世界著名的葡萄酒产区。产自这片土地的一种干白葡萄酒相当稀有，这就是不少葡萄酒爱好者为之疯狂的夏布利（Chablis）干白葡萄酒。柔美的斯兰河哺育这这块富饶的沃土，这里葡萄种植的历史可以追溯到罗马帝国时期。与其他地方葡萄种植的发展一样，这里的葡萄种植也是由教士们传入的，特别是蓬蒂尼（Pontigny）的西多会教士们，正是他们将霞多丽葡萄的种植传入了此地。历史上夏布利出产的大量葡萄酒均通过河运供应巴黎市场。不过，随着铁路的普及，其他产区的葡萄酒能够很容易运抵巴黎，而夏布利却没有通火车，加上根瘤蚜的破坏，夏布利逐渐衰落了。直到第二次世界大战之后，夏布利开始逐步恢复自己的葡萄酒和声望。

夏布利是霞多丽葡萄的最北产区，这里的气候偏向大陆性气候，几乎完全没有大西洋的影响，因此夏布利的冬天很冷，夏季炎热，春季易受霜冻的影响，夏天则会赶上冰雹。凉爽的气候为夏布利干白保留了细腻的匀称风姿与令人振奋的迷人酸味。与此同时，此地的土壤富含钙质，并且有很多海洋生物的化石，适合霞多丽葡萄的生长。据说夏布利葡萄酒中的矿石风味也是来自这种土壤。这里的霞多丽葡萄在土质和气候的作用下保留了充足的酸度以及雅致的果香。夏布利产区共分为4个级别，首先是夏布利特级葡萄园（Grand Cru Chablis），共有7个：布兰修（Blanchots）、克罗（Les Clos）、瓦密尔（Valmur）、格内尔（Grenouilles）、渥玳日尔（Vaudésir）、普尔日（Les Preuses）以及布尔果（Bougros）。次一级则是夏布利一级葡萄园（Chablis Permier Cru），共有40个。再次一级是夏布利葡萄园，最低的级别是小夏布利（Petit Chablis）。葡萄园的各种自然条件，包括朝向、土壤、坡度、河流的影响等决定了葡萄园的等级。夏布利所产的白葡萄酒不光在法国享负盛名，在全世

拉弗诺葡萄园出产的葡萄酒相当珍贵，因此他们从不接待新客，所以说，您若品尝到他们酿制的夏布利干白，那真可谓三生有幸。

拉弗诺葡萄园之所以能在众多葡萄种植园中遥遥领先，全仰仗其对葡萄的精心呵护。

界范围也是相当著名，特别是在美国，夏布利一词就是优质干白的代名词！然而，众多产酒中，只有那些出自夏布利特有的一种名为启莫里阶的钙质泥灰土的葡萄酒才算得上是上品。它们口感轻盈爽利，是干白葡萄酒中的不二典范。不过，由于气候寒冷，这里的葡萄十分容易遭到霜冻，所以葡萄产量也相当不稳定，故而酿造好的葡萄酒价格也会比较昂贵，

就像 20 世纪 50 年代，这里的葡萄曾接连 3 年饱经霜冻侵袭，颗粒不结，人们甚至放弃了种植葡萄。当时的特级葡萄园中，果农们甚至开始种起了甜菜和土豆。可以说，为了抵御霜冻同时面对这种多石子的土地，葡萄种植者们煞费苦心，不过艰苦的努力没有白费，酿造出来的夏布利干白葡萄酒口感强劲圆润，不论是搭配鱼肉还是海鲜都相当出色。

夏布利干白葡萄酒的颜色是一种淡淡的黄色，其间微微泛着浅薄的绿色，开启瓶塞后，一股轻盈细腻的馨香扑鼻而来，那香气带着难以名状的清新和活力。一般来说，上等的夏布利干白葡萄酒都具备这种难以描绘的纯净特质。拉弗诺葡萄园（Domaine Raveneau）的夏布利干白带着充实的果香，不光受到广大葡萄酒爱好者的好评，也是众多专业人士的挚爱，它散发着紫罗兰和金合欢的芳香，每支葡萄酒都经过了 5 年的窖藏，充满了高贵的典雅气质。在这里，葡萄的产量与酿酒量都被严格控制把关，这样一来才可以完美地保持葡萄酒的优秀品质。

浓重的水果香气

罗雷葡萄园出产最为著名的夏龙堡黄葡萄酒，其色泽金黄，口感醇厚，带着浓烈的果仁香气，沁人心脾。

一直以来，汝拉地区的黄葡萄酒（Vin jaune）就吸引着一代代的王公贵族，甚至是大名鼎鼎的拿破仑三世都对这种独一无二的葡萄酒青睐有加。位于汝拉地区的夏龙堡自 9 世纪起，便开始靠出产这种酒获得盈利，可以算是黄葡萄酒的起源地。这种举世无双的葡萄酒以萨瓦涅白葡萄酿造，经过漫长的发酵酿成干白后，还需要在橡木桶中储存 6 年以上。在这段漫长的时间里，由于氧化和微生物生长的缘故，酒表面会形成一层白色的霉隔绝空气，防止酒因过度氧化而变质。装瓶后可保存数十年或上百年而不坏。顾名思义，黄葡萄酒的颜色呈深黄色，如同流动在瓶中的琥珀一般。除了这种独特的黄葡萄酒，汝拉地区还有一种特别的葡萄酒——麦秆葡萄酒（Vin de Paille），大家千万不要把这两种酒混淆了。虽然这两种酒都可以保存数十年或上百年而不坏，但是其制造方法极为不同。麦秆葡萄酒的生产方法把完整无损的白葡萄放在麦秆堆上，或悬吊起来风干两三个月。温和的自然风会使葡萄失去水分，提升其含糖量，而后再经过压榨和酿造，得到一种酒精度及残糖量都极高的甜白酒。

L A VJ 90 1
ARBOIS VIN JAUNE
Appellation Arbois Contrôlée
Le Vin Jaune est exclusivement obtenu à partir de vin de cépage savagnin, mis vieillir six années durant en petits fûts de chêne sans ouillages, ni soutirages. C'est au cours de cette longue et lente élaboration que ce très grand vin acquiert son goût si caractéristique. Vin de très grande garde, il se sert légèrement chambré et débouché à l'avance. Mis en bouteille à la propriété. Médaille de Bronze au Concours des Vins du Jura 1998.
ROLET Père et Fils, Vignerons à Montigny - 39600 Arbois - France
14 % vol.
620 ml

黄葡萄酒就是汝拉地区所有葡萄酒中的一颗璀璨的明星，它的香味强烈而独特，带着核桃和烤杏仁的诱人气息，入口余香更是持久浓烈，是一支不可多得的中等强度的干白葡萄酒。

乔治·布朗（Georges Blanc）曾在自己的著作《从葡萄到餐桌》（*De la vigne à l' assiette*）中这样写道：“罗雷葡

酿造黄葡萄酒的葡萄一定要到完全成熟后才能采摘，因为这样的糖分才最高。

萄园(Domaine Rolet)建立之初,它的园主德西雷·罗雷(Désiré Rolet)的雄心便是寻求土壤与葡萄植株之间的一种完美和谐。”霞多丽葡萄适合生长在轻薄的泥灰土上,普萨红葡萄(汝拉地区的一种红色葡萄)生长在红蓝色泥灰土上,特鲁索葡萄(一种红葡萄)则生长在一种沙砾质土地上,而酿造黄葡萄酒的葡萄则生长在灰色泥灰土里。乔治·布朗还写道:“德西雷·罗雷的子孙们继承了园主的雄心壮志,在葡萄丰年中采集最完美的葡萄酿制佳酿。”圆润、柔美、充斥着果仁香气和奢靡的花香,这就是这款独一无二的罗雷葡萄园黄葡萄酒(Vin jaune Domaine Rolet)。

如果采摘下来的萨瓦涅白葡萄成熟度不够酿造黄葡萄酒,那么葡萄农用其酿造白葡萄酒,这也就成就了汝拉丘的著名白干。

著名法国女作家科莱特(Colette)曾说:“葡萄和葡萄酒是最为神秘的伟大事物。小小的一株葡萄苗,翻山越岭,漂洋过海,饱经风霜,秉承着自己的不二个性,与无数困难斗争……它获悉土地的秘密,并凭借葡萄果实来将其表达。火石土壤经由葡萄酒让我们认识到它充满生命力肥沃的特性;贫瘠的白垩土则在酒中滴落下黄金般的眼泪。”

味蕾的神秘之旅

这巍峨的城堡俯瞰着葡萄园和罗讷河。

古堡中的酒窖相当小，每小块葡萄种植田间都由古老的石阶衔接着。

孔德里约（Condrieu）是罗讷河地区备受好评的白葡萄酒圣地，在这里有一个独立的袖珍法定产区格里耶堡（Château-Grillet）。全区只有一个葡萄酒庄，面积仅有 3 公顷，位于韦兰镇（Vérin）及罗讷河畔圣 - 米歇尔（Saint-Michel-sur- Rhône）一带，自 1820 年来便仅归内雷 - 加谢（Neyret-Gachet）家族所有，其生产的法定产区葡萄酒格里耶堡白葡萄酒的产量也因此相当稀少：每年最多只有 12000 瓶。

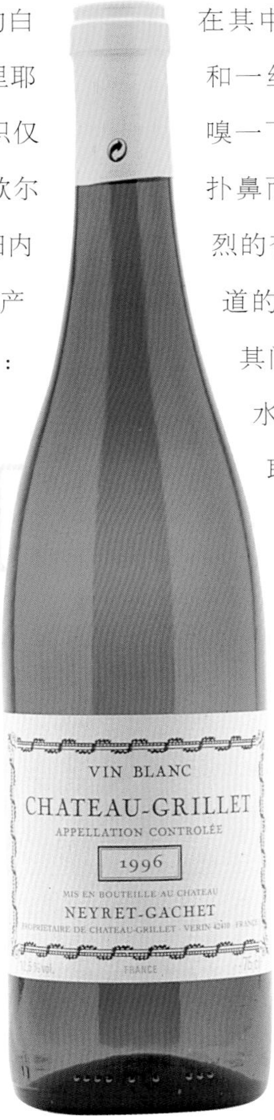

在这里，一片片的葡萄都生长在布满花岗岩块的山坡上，被悉心地分成一个个小园子，园子周围的矮墙可以为这些娇贵的葡萄遮风挡雨，仿佛罗讷河谷内的世外桃源。美国第三任总统托马斯·杰斐逊都为产自这片世外桃源的葡萄酒倾倒。这块以花岗岩片及砂质为主的土地相当容易被水渗透，葡萄扎根在这土地中水土富足。也正是这特殊的土壤孕育了著名的维欧尼葡萄。法国著名的美食家，被誉为“美食王子”的古农斯基（Curnonsky）就曾说：“维欧尼葡萄酿制出的白葡萄酒是法国五大精品干白之一。”事实上，这种葡萄酒带着孔德里约地区的经典特征，但是如若细细品味，你还会在其中体会到些许丰满和一丝细腻与灵动。轻嗅一下，紫罗兰的芳香扑鼻而来，抿一下，浓烈的杏仁甘香在辛辣味道的陪衬下愈显突出，其间还夹杂着成熟的水蜜桃果香，入口之后余味缭绕，久久不绝。格里耶堡白葡萄酒酒精度较高，芳香馥郁且口感细腻顺滑。一瓶年轻的格里耶堡白葡萄酒已经相当美妙，但若等它窖藏成熟那又是另一番风味。可以说，这一美妙绝伦的酒可以称作是独一家族的垄断酒，因为一直以来全区这唯一的酒庄只归内雷·加谢家族所有，就连葡萄酒的装瓶工序也都在堡内进行。想当年著名数学家布莱士·帕斯卡（Blaise Pascal）和笛沙格（Desargues）都拜访过这片寂静的罗讷河畔上的土地。格里耶堡白葡萄酒自 1830 年诞生至今都以它丰满的口感和朴实无华的气度征服了无数爱酒者，它仿佛一道神秘的光，牵引着你的味蕾去做一次味觉的冒险。

在一片布满鹅卵石的土地中心，博卡斯特尔庄园就如同一座风景如画的绿洲一般。

不可言喻的喜悦

盛放着葡萄酒的橡木桶充分地彰显了对古老传统的秉承。

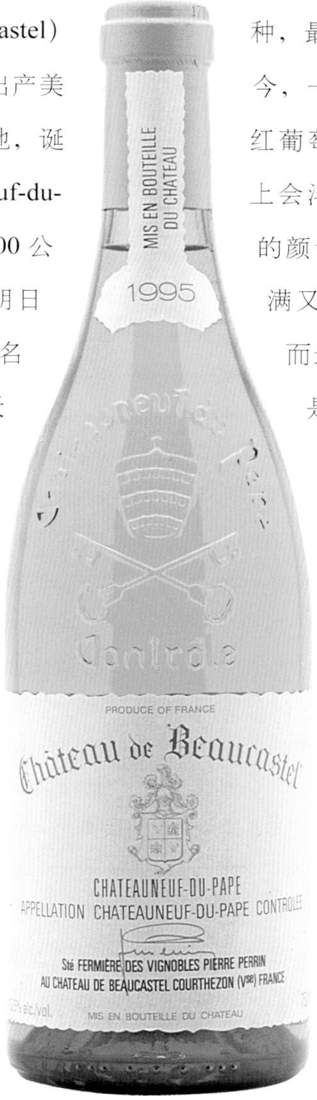

起先，在16世纪的时候，博卡斯特尔（Beaucastel）不过只是一座农场。然而如今，它却已经成了出产美酒的著名酒庄，正是在罗讷河谷这片神秘的土地，诞生了一个响当当的名号。教皇新堡（Châteauneuf-du-Pape）是法国法定等级葡萄酒产地。绵延有3000公顷的葡萄园，位于阿维尼翁（Avignon）与奥朗日（Orange）之间，是20世纪30年代第一个被命名的法定产区。这里临近地中海，冬天温和、夏天日照充足，葡萄的生长得天独厚，全都饱满成熟，酿造的葡萄酒中九成为红葡萄酒，剩下的则是少量的白葡萄酒，可以说相当珍贵。这一地区的土壤变化多端，当中最著名的是“石卵”。如鱼缸内小石卵般大小的土块，可在日间吸收阳光的热能，留在晚间释放出来，令这里的葡萄生长充满劲度。全区共有13种葡萄：歌海娜、慕合怀特、西拉、神索、古诺瓦姿、瓦卡尔斯、黑德瑞、莫斯卡丹、克莱雷特、匹格普勒、罗珊、布尔布兰以及琵卡丹。其中8种为红葡萄，5种为白葡萄。法律规定这里的红葡萄酒，必须以多种葡萄调配而成，最少9种，最多可用13种。如今，一提起教皇新堡的红葡萄酒，人们脑中马上会浮现出那饱满红润的颜色，还有那甜润丰满又醇厚结实的酒体。

而这里的白葡萄酒更是时时带给人们惊喜。在1993年出版的《阿歇特葡萄酒指南》（*Guide Hachette des Vins*）中我们能读到这样评价博卡斯特尔庄园1991年产白葡萄酒（Château de Beaucastel blanc 1991）的句子：“就像在每个人的一生中，都会遇到刻骨铭心的人一般，你也会遇到那滋味永远镌刻在你口腔里的美酒。就如同这支酒，足以让你为之心动。那袅袅的香气似乎可以勾魂摄魄，香甜的蜂蜜气息萦绕在齿间，那无与伦比的成熟感会带给你双重的喜悦。”

“珍爱丘”的稀有白酒

由于维欧尼葡萄的产量相当不稳定，所以孔德里约白葡萄酒酿造的数量也并不多。

著名的葡萄酒研究者拉曼（Ramain）博士所相信的箴言就是：“酒瓶一空，劳而有功！”他曾充满激情地评价安德烈·佩雷庄园孔德里约白葡萄酒（Condrieu André Perret）：“口感醇厚，馥郁芳香，给人以奢华的享受，它是神圣的，与中世纪的弥撒堪称绝配。”不得不提一点，阿维尼翁地区的近6个世纪内的历代教皇都存有孔德里约白葡萄酒。

多亏有了费尔南·普安[1]，我们如今才能在维埃纳金字塔餐厅的菜单上重新见到孔德里约白葡萄酒的名字。这种酒口感甘醇，与这里的经典美味——奶酪鳌虾尾、浇汁河鱼或水煮大菱鲆等搭配起来相得益彰。孔德里约葡萄种植区与罗第丘毗邻，有时人们会称其为“珍爱丘”（Côte Chérie）。它位于罗讷河右岸，覆盖卢瓦尔省（Loire）的韦兰镇、维尔留镇（Verlieux）、夏瓦维镇（Chavavay）、圣-皮埃尔-德-博夫镇（Saint-Pierre-de-Bœuf）以及阿尔代什省（Ardèche）的利莫尼镇（Limony）。法国著名诗人弗雷德里克·米斯特拉尔（Frédéric Mistral）曾在自己关于罗讷河的诗歌中这样描绘孔德里约的渡船工人：“孔德里约的男人是强壮的，他们浑身肌肉遒劲，却不失矫捷，他们个个都是无畏的勇士！金黄色的阳光映射在水中，为他们的脸孔镀上一抹浓重美丽的古铜色……”其实，这块土地上的土壤为花岗岩质，并不肥沃，也相当难以耕种，因此葡萄产量也远远低于法定最高产量。不过，尽管如此，该地区所产的葡萄酿成的白葡萄酒却有着一种相当纯正独特的风味。虽然嗅起来带着些许奢华，入口却相当爽利，带着清新的果香与达到极致的甘醇，余味中荡漾着香料气息。孔德里约白葡萄酒正是这样迷人，紫罗兰样的香气萦绕心头，入口果香花香怡人，就好像那赋予葡萄成熟的美好阳光一样，让人觉得如此慷慨大气。

虽然孔德里约白葡萄酒如此醉人，但事实上这款酒相当娇贵，其窖藏和运输都相当困难。《拉鲁斯美食词典》（*Larousse gastronomique*）就曾写道：这种酒的产量极少，

① 费尔南·普安（1897—1955）：法国著名高级厨师，是法国的美食先锋，第一位于1933年获得米其林指南三星的大厨，被认为是新式烹调法的创立者之一。1925至1955年之间，曾是维埃纳金字塔餐厅的管理者。——译者注

从一颗颗美妙的葡萄到酒窖中排列整齐的一桶桶葡萄酒，整个过程就如同一段由土地娓娓道来的神话故事。维欧尼葡萄主要生长在罗讷河谷，由它酿造出的白葡萄酒口感细腻，带着轻盈的花香，十分动人。一般来说，这种酒要窖藏 3 年才能达到完美的成熟度。

安德烈·佩雷庄园酿制的孔德里约白葡萄酒是众多葡萄酒中最为华贵与复杂的，它带着馥郁的花香与果香，口感酸度适中，余味洋溢着美妙的香料味。

再加上运输困难，所以，其他地区的人自然不知晓这种酒了。酿造这种白酒的葡萄抗病性较弱，所以其产量很低也不稳定，不过，当地的葡萄种植者却有着丰富的经验侍候这种娇贵的葡萄品种，位于维尔留镇的安德烈·佩雷庄园（Domaine André Perret）就是其中之一。他们所酿造的葡萄酒，用著名就评家罗伯特·派克（Robert Parker）的话说就是“众多葡萄酒中最为华贵与复杂的”。他曾这样描述安德烈·佩雷庄园 1995 年的孔德里约白葡萄酒：“这支酒带着迷人的蜜桃和杏子香气，入口酸度适中，酒体醇厚而又有力度，窖藏到 2001 年时是最为成熟的品尝佳期。”说了这么久，大家可能还不知晓酿造这种佳酿的葡萄品种是什么，它就是著名的维欧尼葡萄。这种葡萄虽然容易受到病虫害侵袭，却是一支长寿品种。也正是孔德里约这片特殊的土地赋予了它独特复杂的个性与颜色。这种葡萄带着强烈的芳香，是法国葡萄种植园中最传统的葡萄品种之一。用它酿出的白葡萄酒口感或甘醇柔美或酸味浓烈，这都与酿造时的发酵方法有关。如果发酵过程比较缓慢，那么葡萄原汁中的糖分便会全部转换为酒精，这样酿造出来的白葡萄酒口味酸度炽烈；如果发酵过程中途停止，那么所得到的白葡萄酒的口感就更为柔和甜美。一支成熟度完美的孔德里约白葡萄酒往往带着淡淡的麝香香气，这幽幽的香气与梨子和杏仁的芳香完美地结合，让人沉醉在其中。通常，用这种酒来配禽肉或蘸汁鱼肠都是不错的。

来自南非的葡萄酒

位于这片美丽葡萄种植园中的优雅建筑，融汇了荷兰与好望角建筑的特色，掩映在层层叠叠的绿色之中显得恬静质朴。

1657 年，位于东印度群岛的一家荷兰公司第一次将其在殖民地劫掠的货物出口到了南非，其中便有几支葡萄的萌蘖枝。两年之后，在南非的好望角附近，破土发芽的葡萄酿出了第一批美妙的葡萄酒。漫长的岁月缓缓流逝，当年那孕育出第一批葡萄酒的葡萄种植地如今已经发展成为了 14 万公顷的葡萄种植园。1684 年，管理好望角地区的西蒙·凡·戴尔·斯泰乐（Simon Van Der Stel）在该地区建立了南非地区最为著名的酒庄——格鲁特·康士坦提亚（Groot Constantia）酒庄，这里出产的康士坦天然甜白（Vin de Constance）口感柔和甜润。几年之后，这些美妙的葡萄酒在荷兰也开始广负盛名。不过，格鲁特·康士坦提亚酒庄酿造的葡萄酒数量却相当有限。时光飞逝，这家酒庄的命运也历经坎坷，曾一度濒于废弃，直到 1778 年被亨德里克·克罗埃特（Hendrick Cloete）接手，酒庄才重新壮大，也使得那广受欢迎的餐后甜酒康士坦天然甜白重新回到了人们的餐桌。当时，这里出品的康士坦天然甜白每瓶售价甚至与著名的托卡伊葡萄烧酒不相上下，被视为是那一时代最为华贵的餐后甜酒，逐渐被欧洲宫廷当做必备的奢侈酒品，不少的艺术家与文学家也都对它青睐有加。然而，好景不长，1886 年葡萄根瘤蚜的侵袭令葡萄种植园近于败落，克罗埃特（Cloete）家族不得不把葡萄种植园卖给政府。1980 年，道吉·乔斯特（Duggie Jooste）将庄园买入并重新整顿。其实，他买下这块地就是想研究为什么这块土地上的土壤那么特殊，可以酿造出那样迷人的葡萄酒。皇天不负苦心人，经过了深入的分析和考察，他开始在这片遍布碎卵石与花岗岩块的并不肥沃的土地上种上了弗龙蒂尼昂麝香葡萄。这种葡萄 4 月成熟，果实带着浓浓的水果及烤面包香气。用它酿造出来的康士坦天然甜白口感丰满，却并不炽烈呛鼻，又不会过分甜腻，给人以圆润甜蜜的完美感觉，最后的余味则透着纯净与空灵，让人久久不能忘怀。

这种生长在布满石子的土壤上的麝香葡萄每年 4 月成熟，人们会在这时采摘葡萄。

KLEIN CONSTANTIA
ESTATE WINE
Vin de Constance
1989
Natural Sweet Wine
Grown, Made and Bottled on Klein Constantia, Constantia.
Produce of South Africa.
500ml

如果天气过热，酒体就会变得过沉，而如果天气太冷，葡萄的成熟度又会不好。

萦绕在口腔中的细腻余味

考尔通 - 查理曼白葡萄酒（Corton-Charlemagne），或简单的被称为查理曼白葡萄酒，一直以来都是勃艮第地区闻名遐迩的顶级皇室葡萄酒。这种酒来自勃艮第地区博讷丘的北部，由于酿造该种酒的葡萄较少，所以考尔通 - 查理曼白葡萄酒的产量也极稀少。相传，公元 775 年，查理曼大帝御赐给索利厄（Saulieu）修道院几公顷种植着葡萄的土地，就是这几株小小的葡萄而后成就了这顶级的葡萄种植区，绵延于阿洛克斯 - 考尔通（Aloxe-Corton）与佩尔南 - 韦尔热莱塞（Pernand-Vergelesses）两镇之间。这片葡萄种植区坐北朝南，土地呈砂质并含有石灰石，附近就是郁郁葱葱的森林。人们在这片土地种植着适于酿造香槟与白葡萄酒的霞多丽葡萄（当地富含石灰石的白色土壤十分适合这种葡萄的生长），也正是生长在这特殊土壤中的优质葡萄成就了连查理曼大帝都爱不释手的考尔通 - 查理曼白葡萄酒。顶级的考尔通 - 查理曼白葡萄酒带着淡淡的花香与香料气息，整体的芬芳华贵、温和且相当持久。品酒骑士会（Confrérie du Tastevin）曾这样形容它：“这支颜色金黄的白葡萄酒气度非凡，高度的酒精使得它相当炽烈，充满活力的酒体喷发出焦糖样的芳香，入口后带着一股火石的矿物香气。”

让 - 弗朗索瓦 · 科什 - 杜瑞（Jean-François Coche-Dury）掌管着该地区的两块精品葡萄种植田，一块是莫尔索镇（Meursault）的佩尔里埃（Perrières）葡萄种植园，另一块则是阿洛克斯 - 考尔通的查理曼葡萄种植园。他们所酿造的考尔通 - 查理曼白葡萄酒一直以来都被称为顶级佳酿，入口细致绵密，酸度颇高，并且带着特有的矿物香气，随后幻化成甜蜜的糖浆味道和诱人的果仁香气，余味悠扬，久久地荡漾在口腔之中。

科什 - 杜瑞酒庄酿造的考尔通 - 查理曼白葡萄酒有着独特的花香与烤坚果气息。

麦秆葡萄酒的酿造过程相当漫长，图中这些正在陈化的葡萄酒被整齐地码放在阿尔雷堡带有穹顶的酒窖内。

丰富如调色盘般的口感

汝拉位于瑞士与勃艮第大区黄金丘（Côte-d’Or）之间，是各种葡萄酒的故乡。在那里，有数不清的红葡萄酒、白葡萄酒、玫瑰红葡萄酒，当然也少不了那美味的香槟酒。不过在这众多美酒之中，有一种白葡萄酒可谓清新脱俗，与众不同，这就是汝拉地区著名的麦秆葡萄酒。

至于为什么要叫麦秆葡萄酒，首先要有赖于这种酒酒体那橙黄的颜色，其次就要说到这种酒的酿制方法了。打造这种酒之前，人们会把甄选的白葡萄放在麦秆堆砌的草垛上风干。不过，如今麦秆葡萄酒的酿造方法与以往大相径庭，人们会把采摘挑选好的白葡萄放在通风良好的酒窖中进行风干。但是即使这样，这款独特的酒还是保留了原来的名字。阿尔雷堡（Château d’Arlay）酿造的麦秆葡萄酒稀有且昂贵，所需的葡萄来自雷诺·德·拉纪什（Renaud de Laguiche）伯爵当年精心培育的葡萄园，质量上乘。事实上，想要真正了解这款精妙的葡萄酒，首先要从其酿造工序入手，因为每一道工序都相当精细，也正是这一步步严格入微的工序成就了这支名酒。首先，人们会摘选那些果形漂亮的霞多丽葡萄、萨瓦涅葡萄、普萨葡萄以及特鲁索葡萄。这些葡萄的要求相当严格，果实要小，这样就会有比较厚实的果皮，并且每一颗葡萄都不能带有一点伤痕或霉斑。甄选后的葡萄会被盛放在小柳条筐里，而后的3到4个月间，这一筐筐的葡萄会被放置在一个通风的地方风干，在此期间，人们会经常翻动葡萄，这样每一颗葡萄都会接触到外部空气，达到自然风干。风干后的葡萄不论是味道还是糖分都会更加浓厚集中，而酸度则会减弱。风干后的葡萄会在1月末压榨，压榨的动作需要相当轻柔迟缓，榨出的葡萄原汁封存在小桶中发酵3到4个月。一定要注意，发酵的葡萄原汁一定不要加糖。

葡萄种植园目前的管理者是阿兰·德·拉纪什，他收藏了不少稀有名酒。

阿尔雷堡麦秆葡萄酒的口感爽利甜润，却并不甜腻，入口后的风味就好像画家手中斑驳的调色盘一样丰富多彩：核桃、杏脯、果酱、柔和的香料香交织在一起，仿佛其间还洋溢着某种微妙的异国风味和烟草香气……

图中展示的“Venenciador”是品尝赫雷斯葡萄酒的一种独特华丽方式。

酒花的奥秘

西班牙产的赫雷斯葡萄酒（Jerez）称得上是世界上最为复杂的一款酒。在西班牙，人们称它为赫雷斯，在英国，他们被称作为雪利酒（Sherry）。大文豪莎士比亚就曾形容它是“装在瓶子里的西班牙阳光”。这种葡萄酒的法定产区位于西班牙的加第斯省（Cadix），覆盖赫雷斯·德·拉·弗龙特拉市（Jerez de la Frontera）和桑卢卡尔·德·瓦拉梅达镇（Sanlúcar de Barrameda）附近的一小块沿海地带。这里的土壤呈浅灰色，含有很高的石灰成分，正是在这石灰质的土壤上生机勃勃地生长着酿造赫雷斯葡萄酒的巴洛米诺葡萄。种植这种葡萄的地区属于地中海气候，炙热的阳光曝晒着葡萄藤上的串串果实，让它们成熟；而后大西洋上吹来的西风又将其慢慢温润。榨出的葡萄汁在不密闭的状态下曝露在空气中，表面会形成一层酵母菌薄膜，就是我们通常所说的酒花。著名的菲诺（Fino）葡萄酒在酿造的时候就不会把整桶装满，这样就会产生一层白色酒花，而酿造成的葡萄酒颜色金黄，带着杏仁和新鲜苹果的香气，口感醇滑。桑卢卡尔·德·瓦拉梅达出产的曼萨尼亚（Manzanilla）葡萄酒也是一种在酿造时产生酒花的葡萄酒，它比菲诺葡萄酒的颜色更为透亮，口感也更为清新、轻盈，入口细腻柔滑。由于湿润的海风为其带来了些许盐分，所以这种酒有着独特的苦味和辣味。如果在酿造时不产生酒花，那么制造出的葡萄酒就是著名的奥洛罗索（Oloroso）葡萄酒，也是赫雷斯葡萄酒的一支。这种酒馥郁芳香，口感绵密。当地昏暗布满尘土的酒窖中，一只只的酒桶整齐地罗列在一起，其中位于底层的是最陈的葡萄酒，其中三分之一每年装瓶一次，而后其位置便会由上一层的葡萄酒所顶替，这样周而复始地直到最后一行酒桶。这一陈年系统被称为“solera”（出自西班牙语词汇“suelo”，地面之意）。可以说，赫雷斯葡萄酒与西班牙南部人民的生活息息相关，就如同著名作家及史学家泽维尔·多明戈（Xavier Domingo）写的：“斑驳的颜色，明亮的光芒，奔跑的骏马，愤怒的公牛，欢快的歌曲与明快的舞蹈……这一切都离不开那明艳的葡萄酒，它如同激烈有力的斗牛运动刺激着人们的神经，也能够给人们祥和幸福的感觉。”

来自弗龙特拉的赫雷斯葡萄酒在莎士比亚的时代就颇负盛名，是西班牙众多葡萄酒中的精品。

露纹·艾斯戴特庄园不仅拥有著名的艺术系列葡萄酒，还拥有自己的饭店，并且定期还会举办音乐会及画展。可以说，这家澳大利亚的葡萄酒庄将葡萄酒、美食和艺术完美地结合在了一起。

当之无愧的艺术经典

1972年，一位来自澳大利亚珀斯的商人丹尼斯·奥尔根（Denis Horgan）收购了一片土地，正是如今露纹·艾斯戴特（Leeuwin Estate）庄园的坐落地。不过，起初这片土地的用途并不是种植葡萄用以酿酒，而是为了饲养牲畜。3年后，丹尼斯·奥尔根结识了著名的加利福尼亚葡萄酒商人罗伯特·蒙大维（Robert Mondavi）。后者来到澳大利亚旅行旨在寻找一片优良的土地以酿造上乘的葡萄酒佳酿，而这片位于玛格丽特河沿岸、珀斯西南的土地则正合其意。这里的土壤肥沃，气候条件也相当适宜葡萄生长（夏季温热，冬季不会酷寒，且降水丰沛）。很快他便成功劝服了这块土地的所有者丹尼斯·奥尔根和崔西亚·奥尔根（Tricia Horgan）将农场转为葡萄种植园，并于1975年开始种植葡萄。罗伯特·蒙大维果然很有眼光，直到如今露纹·艾斯戴特庄园的葡萄酒都在众多经典名酒中名列前茅。之所以能获得如此之大的成功，全要仰仗其对传统的追求。然而，在恪守传统之时，他们

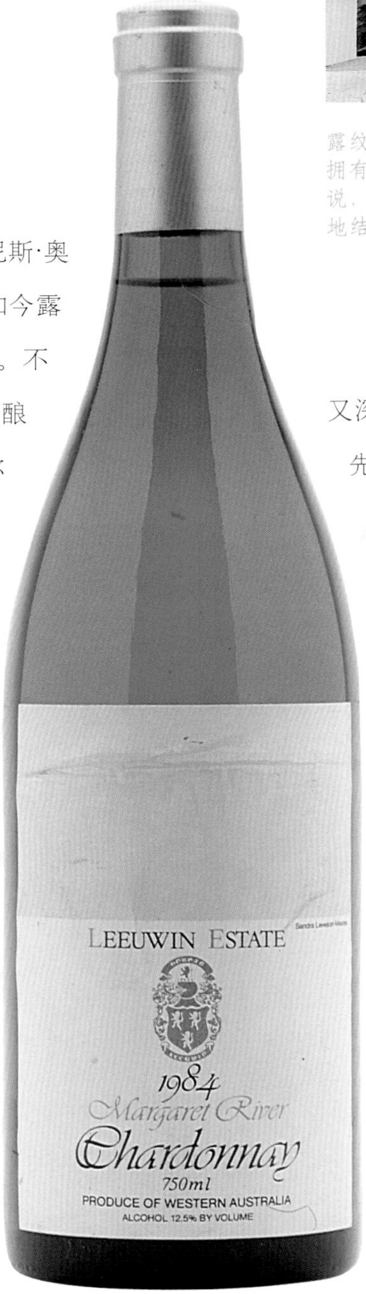

又深知如何将传统的法国风格与如今日新月异的先进技术相结合。特别值得一提的是，奥尔根家族不光对葡萄种植及葡萄酒酿造的文化相当热衷，还对艺术有着相当的热忱。从露纹·艾斯戴特庄园出品的“艺术系列”（Art Series）葡萄酒中就足见一斑。酿造这款高档酒的葡萄全部是精心侍候的完美葡萄，就连酒瓶上的酒标都出自杰出的艺术家或画家之手。与此同时，酒庄还拥有美丽的天然剧院，每年夏天都会迎接络绎不绝的宾客。玛格丽特河霞多丽葡萄酒（Chardonnay Margaret River）正是艺术系列中的一支。成熟度完好的霞多丽葡萄来自酒庄的20号地块。这种葡萄酒颜色金黄淡雅，轻嗅一下满是扑鼻的果香与缤纷的花香，随着时间的推移，窖藏后的霞多丽葡萄酒会更彰显出一种力度，但不会丢失原本的细腻与柔润。

勒内·拉冯之子多米尼克·拉冯，他也是拉冯伯爵葡萄种植园的接班人，酒庄在他的手中继续延续着之前的成功。

干白中的精品

在所有世界知名的莫尔索葡萄酒庄园中，最为著名的就是佩尔里埃葡萄产区。这里出产的葡萄酒既细腻又不失力度。莫尔索是勃艮第地区白葡萄酒的故乡，遍布在这片土低上的古堡见证了长久以来葡萄种植园的兴衰与各种知名典藏佳酿的诞生。

莫尔索位于法国博讷镇的西南方向，被称为顶级白葡萄酒的故乡、霞多丽葡萄的王国，甚至是白丘地区白葡萄酒产区中的翘楚。这里的佩尔里埃葡萄酒产区可以说是最优秀的葡萄种植地，在全世界都相当著名。莫尔索这座小镇的风景优美，掩映在翠绿中的教堂庄严肃穆，仿佛时刻在审视着这片神秘的土地。莫尔索地区的土地含有较多的石灰质，心土粗糙多颗粒，十分适合白色葡萄品种的生长。这里有必要向大家交代一下，“meursault”（莫尔索）一词在法文中的本意是“老鼠跳”，因为以前这里的白葡萄附近总伴生有星星点点的红葡萄，远远看去就像跳来跳去的小老鼠一样。但是，如今，当人们提到莫尔索的时候，指的一定是这里既甘醇又柔润甜美的葡萄酒。说它柔润甜美并不是因为其残糖量高，而是因为这款酒丰满华丽的芳香。这独特的香气在口腔中蔓延开来，触动味蕾，带给人们圆润的感觉。葡萄酒在这片土地上可以说是一种文化、一种历史，遍布莫尔索的古堡屹立至今，秉承着上古流传下来的造酒事业，见证了长久以来葡萄种植园的兴衰与各种知名典藏佳酿的诞生。其中不少庄园每年都会把自己酿造的好酒卖到博讷慈济院。每年葡萄采摘者们还会举行传统的庆祝活动，据说是为了纪念光荣的三天中的最后一天（光荣的三天即法国 1830 年七月革命）。勒内·拉冯（René Lafon）和他的儿子多米尼克·拉冯（Dominique Lafon）共同掌管的葡萄种植园就位于这片传奇的土地上。可以说，他们的拉冯伯爵葡萄种植园（Domaine des Comtes Lafon）风水相当不错，酿造出的葡萄酒质量上乘且稳定，在世界上可以算是数一数二。其中莫尔索 - 佩尔里埃干白葡萄酒（Meursault-Perrières）更是独一无二。采摘酿造这种酒的霞多丽葡萄时，成熟度控制得相当严格，只有这样才能赋予这支酒甘醇且丰满的口感，它细腻中不乏力度，甜美中带着些许酸涩，深邃中带着清新的果香，从诞生以来一直延续着自己的传奇，窖藏 15 年左右即可达到巅峰状态。

柔美灵动的享受

地貌与地质特点决定了不同的气候，而不同的气候特点又带给每种酒独特的性格特征。距蒙哈榭产地20来米处便是知名的巴达-蒙哈榭产区，后者所产葡萄酒与蒙哈榭葡萄酒各有千秋。

蒙哈榭白葡萄酒出自法国勃艮第地区，是法产白葡萄酒中的珍品。在夏萨涅（Chassagne）地区，不少家族的蒙哈榭白葡萄酒都相当出众。然而如果提到埃德蒙・德拉戈朗日-巴切莱特（Edmond Delagrange-Bachelet），那便可以说是大名鼎鼎。这一家族掌管着5块蒙哈榭特级葡萄种植园。蒙哈榭葡萄产区的面积相当小，仅有8.14公顷。不过就是这样一块巴掌大的地方，如今却被18个葡萄种植园分割，其中雅克・戛纳尔-德拉戈朗日（Jacques Gagnard-Delagrange）的那块地获得于1978年，仅有7.83公亩（只占总面积的1%而已！）。千万别小看蒙哈榭这片小小的土地，这里出产的美酒就是大文豪大仲马也称赞不已。他认为蒙哈榭地区的葡萄酒是所有法产葡萄酒中最为杰出的。为什么呢？让我们来具体看看吧。首先，蒙哈榭产区位于较为和缓的山坡上，海拔为250米左右，朝向东南。该地的土壤呈石灰质，富含黏土，相当适合霞多丽葡萄的生长……1925年，毛里斯・戴・宗比奥（Maurice des Ombiaux）在自己所著的《法国葡萄酒族谱》（*Gotha des vins de France*）一书中如此描写蒙哈榭白葡萄酒："蒙哈榭白葡萄酒那琥珀样的色泽有着自己特有的鲜活感，也许是它比其他酒吸收了更多阳光的缘故。它那甜美的口感轻柔地呵护你的唇齿，仿佛在柔和地抚摸着你的每一个味蕾，随之而来的芳香蒸腾而上，带着些许神秘与虔诚，就仿佛哥特式教堂穹顶下回荡着的圣母赞歌一般神圣。"

在所有有着葡萄酒酿造传统的国度里，葡萄收获的时节可以算得上是一年中相当热闹的时候。在蒙哈榭地区，葡萄果农家的孩子一般15岁开始加入葡萄采摘的大军中。

雅克・戛纳尔-德拉戈朗日酒庄酿造的蒙哈榭葡萄酒带着浓郁的果香，口感甜润细腻，回味悠长。入口后首先是洋槐蜂蜜的香甜，而后则是一种丰满又高贵的体验，持久的香醇荡漾在口腔中，美妙绝伦，一切都显得那么浓烈又鲜活。

从16世纪起，博威勒家族便已经开始了葡萄种植，此后其家族葡萄种植园在萨沙里亚·博威勒（Zacharias Bergweiler）的管理下不断壮大。萨沙里亚·博威勒是目前酒庄负责人的祖父。

500年的传承

海德曼斯 - 博威勒（Heidemanns-Bergweiler）家族就居住在这栋始建于1743年的典雅建筑中，这一建筑的风格为巴洛克风格。

摩泽尔 - 萨尔 - 鲁威尔（Mosel-Saar-Ruwer）地区是德国11处葡萄酒名产区之一，位于摩泽尔河流域，被陡峭的石壁夹在中间。这里的土地干燥且布满石子，气候在德国最为温暖。可以说，摩泽尔河流域是德国历史最为悠久的葡萄及葡萄酒产地，葡萄酒酿造的历史可以追溯到2000年前。这里的葡萄品种丰富，直到18世纪，雷司令葡萄在众多葡萄品种中脱颖而出，成就了这一地区顶级葡萄酒。摩泽尔 - 萨尔 - 鲁威尔地区气候相当温暖，有片岩丘陵地带的保护，不会受到大风的侵袭，日照条件极佳，山坡陡峭，加上富含矿物质的片岩土壤都十分有利于雷司令葡萄的生长，也成就了这里传奇的葡萄酒佳酿。摩泽尔 - 萨尔 - 鲁威尔地区的葡萄酒最佳产地位于摩泽尔河流域中段，地处采尔（Zell）与特里尔（Trèves）之间，而在此处的众多葡萄产区中，最好的当属贝尔恩卡斯特尔（Bernkastel）产区。这一产区建立于13世纪，直到如今这里还保存着众多中世纪风格的建筑。典雅的房屋带着优美的木制围墙，熟铁打造的铁艺徽标彰显着淳朴的古风。还有那巴洛克式的喷泉，每到葡萄丰收的庆典，它便会为人们喷洒出香艳的葡萄酒。这里的葡萄种植者收获完美无瑕的白葡萄，酿造出一支支醇美的白葡萄佳酿，其中最为著名的有贝尔恩卡斯特尔博士（Bernkasteler Doktor）葡萄酒，格拉本（Graben）葡萄酒、巴斯杜贝（Badstube）葡萄酒以及雷伊（Lay）葡萄酒。这些佳酿全用当地著名的雷司令葡萄酿造，陡峭山坡上的片岩土壤供给这种葡萄充足的养分，并且使其带有一种特殊的矿石风味。而生活在这里的葡萄果农们也日复一日地辛勤劳作着，精心侍弄这些娇贵的珍品，就如著名俄国酒评家亚历克西斯·利希纳说的：“这里的葡萄果农在培育这些娇贵葡萄的时候恭恭敬敬，小心谨慎。他们年复一年地辛勤工作，夜以继日地进行着这繁重不堪的工作。他们勇敢又无畏，峭壁那么高险，可他们却勇敢地攀上去，甚至在老鹰的鹰巢边种上葡萄，待到葡萄成熟，他们又爬上那近乎与地面垂直的险壁进行采摘，而后又一粒一粒地手工甄选。”

大自然的新奇馈赠

伊贡·穆勒酒庄（Domaine Egon Müller）的原址其实是建立在维庭根镇（Wiltingen）沙祖堡（Scharzhofberg）小山上的圣-玛丽-德-特里尔（Sainte-Marie-de-Trèves）修道院。这座地势逶迤的小山上有20多公顷遍布石子和片岩的优质土地。它们静静环绕在山间，俯瞰着流经山下的萨尔河。伊贡·穆勒（Egon Müller）的祖父起初从其兄弟姐妹之手买下了几块地用以打造优质的葡萄种植园。如今，穆勒家族名下的葡萄种植园中有7.5公顷是为了培育酿造顶级冰酒的雷司令葡萄。这种葡萄有着惊人的活力，可以抵挡严冬酷寒，经过风雪历练，粒粒葡萄果实都变得相当坚实，就如同一粒粒剔透的玻璃珠子。经过多次挑选后，人们从收获下来的葡萄慢慢压榨出汁水，而后封存在木桶中发酵6周到6个月。发酵时间的长短要根据葡萄的含糖量而定。如同著名的伊甘堡堡主亚历山大·德·绿-沙吕思形容的：“这支酒是这里不畏严寒的人民带给我们的自然馈赠。”可以说，在摩泽尔-萨尔-鲁威尔地区，当属萨尔河两岸的气候条件最为恶劣，可是也正是在这里诞生了这精美又昂贵的冰酒。亚历山大·德·绿-沙吕思认为这支酒是适合沉思时喝的佳酿，而不是用来搭配任何食物的。初嗅起来，酒体挥发出一种深沉的芳香，仿佛烤面包夹带着香料的气息，细细分辨一下，香甜的葡萄干味道悠然飘散。然而这只是前奏。渐渐地，我们会辨析出雷司令葡萄那特有的味道，神经也会紧张起来，就是为了满足自己那渴望发现其细腻味道的好奇心。那味道似乎酸甜的橙子带着焦糖的香甜，出其不意地令人身心愉悦。

酿造这种冰酒的雷司令葡萄生命力顽强，相当耐寒。经过风霜洗礼的葡萄反而能给葡萄酒带来一种仿佛十分矛盾的味道，既甜蜜又带着些许苦涩。

20世纪50年代末，乔治·德·维戈伯爵与其葡萄采摘团队在自己的葡萄种植园中。

仅此一件的绝世珍宝

图中的这栋简洁大方的建筑是在15世纪由维戈（Vogüé）家族的始祖让·默瓦松建造的。

如今这座名为乔治·德·维戈酒庄（Domaine Comte Georges de Vogüé）的历史要追溯到15世纪中叶。那时候，这家酒庄的祖先让·默瓦松（Jean Moisson）在法国的尚博尔镇（Chambolle）建造起了一间小礼拜堂。慢慢地，这间小礼拜堂成了这座小镇中第一家教堂。此后的5个世纪中，这栋古老的建筑历经风雨，转手了大概19代传人，而葡萄的种植未曾中断。1925年，乔治·德·维戈伯爵的父亲阿尔杜·德·维戈（Arthur de Vogüé）去世，前者接手管理了庄园的一切事务，继续秉承家族传统，酿造那些世界知名的佳酿。如今，这家传奇的酒庄又转到了伯爵的女儿拉杜塞特（Ladoucette）男爵夫人手中。在她的领导下，酒庄集结了一批技艺精湛的能人，组成了崭新的酿酒团队，酿出的葡萄酒彰显一种领主般的光辉，大放异彩。乔治·德·维戈酒庄在穆西尼地区就独占了2/3的面积，可以说是这一地区中的佼佼者，在柏内-玛尔产区（Bonnes Mares）也排名第五。这家酒庄所产的穆西尼（Musigny）红葡萄酒酒质细腻柔润，就如同丝滑的天鹅绒。这里的红葡萄酒如此绝妙，打造的一款白葡萄酒也相当稀有出众。这种白葡萄酒的酒体呈金黄色，入口带着杏仁芳香，轻嗅一下则是好闻的紫罗兰气息。乔治·德·维戈酒庄中13公顷的土地上只有33公亩的土地是种植白葡萄的，也就是说这里每年的白葡萄产量相当有限。所以，这里穆西尼红葡萄酒的年产量是40000瓶，而白葡萄酒的产量只有1000瓶。现下，穆西尼白葡萄酒可谓精之又精，稀有至极。著名酒评家让-弗朗索瓦·巴赞（Jean-François Bazin）在《香贝坦》（*Chambertin*）中曾这样写道："之所以在乔治·德·维戈酒庄中能有这寥若晨星的白葡萄种植园，是那酷爱霞多丽葡萄的乔治·德·维戈伯爵夫人劝服其丈夫保留下来的。如今酿造出来的穆西尼白葡萄酒如同一匹稀有罕见的白马，成了人们争相收藏的珍品。"

1877 年，两个法国人来到美国的豪威尔山，并在这里开辟了 50 公顷的葡萄种植园。

难以言表的高贵气质

18 世纪末的时候，让 - 阿道夫 · 布兰（Jean-Adolphe Brun）与让 · 夏克斯（Jean Chaix）这两名法国人在美国加利福尼亚州的纳帕谷开辟了一块大约 50 公顷的葡萄种植园，并为其命名为新梅多克葡萄庄园（Nouveau Médoc Vineyard）。“Napa”这个词在印第安语中是“肥沃的土地”之意，纳帕谷的确是片肥沃的土地。可以说，这两名法国人的选择相当正确，山谷里的气候相当凉爽，巨大石头搭砌的酒窖绵延一片，蔚为大观。不过好景不长，随着 20 世纪初禁酒令的颁发，葡萄酒酿造一度沉寂。直到 1981 年，各大葡萄庄园才缓慢复苏，当然也包括我们之前提到的新梅多克葡萄庄园。而这一切全有赖于弗朗西斯 · 德瓦弗兰（Francis Dewavrin）与其妻子弗朗索瓦兹 · 沃尔特纳（Françoise Woltner）的努力，他们在法国还掌管着修道院奥比昂庄园（Mission-Haut-Brion）。接手新酒庄事务后，二人将其更名为沃尔特纳堡（Château Woltner），然后又按部就班地革新与改造酒庄。酒庄的葡萄种植园中遍布高品质的霞多丽葡萄，酿造出来的美酒相当受当地人欢迎。

沃尔特纳堡酒庄从外表看来朴实无华，而正是在这不加任何修饰的酒庄中诞生了最为昂贵也最为出色的美国霞多丽白葡萄酒。

沃尔特纳堡中的葡萄种植田呈辐射状围绕在一座小山丘附近。这里土地的土壤为黏土质火山土，十分有序地排列在一起，不过其中也有几块地的朝向和走势比较不同寻常，如圣 - 托马斯（Saint-Thomas）种植园面朝西方，弗雷德里克（Frederic）种植园面向正北。特别值得一提的是位于中部的提图斯（Titus）种植园，在这里诞生的提图斯白葡萄酒（Cuvée Titus）相当稀有，年产量仅有 3000 瓶，所以价格也相当昂贵。这种珍奇的葡萄酒由才华横溢的酿酒师泰德 · 勒蒙（Ted Lemon）精心打造。可以说，提图斯白葡萄酒有着优良严苛的血统，同产自加利福尼亚的本地霞多丽葡萄酒不同，其风格高贵典雅，甚至带着些许异国风情，入口口感和谐圆润，细腻得就如同梦幻般的天鹅绒一样，回味一下，那一下子涌上心头的清新感觉使人一时无法用语言表达出这酒的高贵气质。

完美的力度与清新口感

这片面积仅有 2.47 公顷的土地土质呈泥灰质，并且遍布石子，在这里生长着的白葡萄酿造出的葡萄酒酒体金黄剔透。

夜 - 圣 - 乔治原本称为夜城（Ville de Nuits），位于夜丘（Côte de Nuits）最南部，历史上为罗马占地。这座美丽的小城中有一家顶级葡萄园——圣 - 乔治（Saint-Georges）葡萄种植园，从公元 1000 年起便一直被当地人和皇室成员视为佳酿产地。1892 年，夜城将圣 - 乔治葡萄种植园的名字纳入，就有了如今著名的夜 - 圣 - 乔治了。亨利 · 古热正是这里众多的葡萄酒庄庄主之一，而他也是其中勃艮第葡萄酒特有风格的忠诚维护者之一。1936 年，亨利 · 古热在巡视自己种植的葡萄时，在以出产口感丰满的红葡萄酒闻名的伯雷葡萄园（Clos de Porrets）中发现一种红皮诺葡萄品种生长出了一支白葡萄嫩枝。其实，这种现象在之前也很常见，有时候人们会在红色品种的葡萄园中发现半红半粉的葡萄，有时候甚至那些甚是扎眼的果实都是粉红色的，但是像这样会出现白葡萄的情况相当罕见。通过不懈努力，亨利·古热成功地在一块仅有 2.47 公顷的泥灰质土地上培育出了这一葡萄品种。这块土地的开发并不均匀，但这有助于普通葡萄与颗粒较小的葡萄共同和谐生长，而后者不单能构架起葡萄酒整体的框架，还能赋予其一种甜美细腻的口感。如今，亨利·古热的孙子仍然秉承着祖先的传统，利用这 2.47 公顷的土地每年酿造出 2000 瓶绝世佳酿。这款白葡萄酒酒体呈淡黄色，微微泛着透亮的绿色光芒，嗅一下，扑鼻而来的清新气息中掩映着无穷的力度，甜美的蜂蜜混杂着酸酸的柠檬味道，还有一股薄荷与土壤中特有的矿物风味。可以说，亨利 · 古热酒庄缔造出的夜 - 圣 - 乔治白葡萄酒不论在整体结构上还是充盈度上都处理得相当完美和谐，不失为一支扣人心弦的好酒。

亨利 · 古热的孙子们一直秉承着家族的优良传统，缔造最为完美的勃艮第葡萄酒，他深知如何利用不同葡萄种植园中的风土。

纯粹的高品质享受

西蒙古堡掩映在郁郁葱葱的绿树间，而通往这威严古堡的一级级台阶则徜徉在光影之间。

普罗旺斯一带的葡萄种植历史相当悠久，其中一部分葡萄种植园是由古希腊人遗留下来的，而剩下的一部分则由罗马人缔造。这里的帕莱特（Palette）产区位于风景如画的普罗旺斯艾克斯城（Aix-en-Provence）内的蒙泰盖丘（Coteaux du Montaiguet），美丽的阿尔克河流经这里。全区盛产各类葡萄酒，白葡萄酒、红葡萄酒还有粉红酒数不胜数。在著名的圣·维克多山脚下，有一块被森林围绕的小坡，这里的土壤呈石灰质，由于有森林的呵护，这块土地风吹不到，炽烈的阳光也曝晒不到。是的，这里就是西蒙古堡（Château Simone）的所在地，鲁吉尔（Rougier）家族的产业，典雅的建筑巍然屹立，意大利式的园圃还有高大的石块围墙为葡萄们提供了遮风避雨的凉爽庇护所。位于此处的酒窖均为16世纪艾克斯城内的加尔默罗会修士修建，不仅彰显了对上古以来酿酒传统的传承，也向人们展示出期望酿造出普罗旺斯地区最优质葡萄酒的强烈热诚。产自这里的红葡萄酒可以说是出类拔萃，其色泽红润剔透，如同璀璨深邃的红宝石，其气息灵动细腻，让人觉得其间夹杂的每种芳香都难以辨识。这里的粉红葡萄酒则如同掺杂了些许琥珀的浅色红宝石，荡漾的颜色撩拨人心，口感与芳香都出奇的细腻与柔润。其实，最为值得一提的是帕莱特产区酿造的优质白葡萄酒。它们是如此高贵，口感浓郁醇厚，甚至可以说是相当扎实，而在众多葡萄种植园中，西蒙古堡的白葡萄酒更是首屈一指，百里挑一。

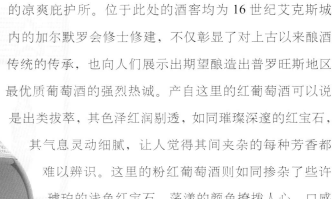

西蒙古堡中的酒窖全部由400年前的加尔默罗会修士挖建，直到如今还保留着上古流传下来的葡萄酿造传统。

西蒙古堡帕莱特白葡萄酒尚未经过长时间窖藏的时候，其酒裙颜色呈金黄色，往往带着花香与清新的果香，其间还夹杂着些许细腻的木香，入口之时则洋溢出香草及香料气息。随着时间的推移，酒体的颜色会渐渐变深，而其香味也会变得愈发深沉，至于口感则相当复杂，香甜的蜂蜜搭配着清凉的薄荷，时而穿插着美妙的椴花芳香。

佛泽尔堡那质朴无华的建筑让人倍感舒适惬意。

一段和谐悠扬的交响乐

佛泽尔堡酿造的白葡萄酒在注入木桶发酵时会首先带着压榨出来的渣滓，而后定期搅动，使那些沉淀漂浮上来。

佛泽尔堡（Château de Fieuzal）是法国格拉夫地区（Graves）古老的葡萄酒庄之一，位于著名的佩萨克-雷奥南（Pessac-Léognan）葡萄酒产区。在这里，人们将古老的酿酒传统发挥得淋漓尽致的同时，更将其与现代科技紧密地结合在一起。佛泽尔堡起初并不叫这个名字，这片布满沙砾的小丘位于加龙河的支流白水河右岸，起先被称为加尔戴尔（Gardères），直到1851年，这片土地的掌管者佛泽尔家族将其更名为佛泽尔堡。佛泽尔堡酿造的红葡萄酒相当完美独特，而其出产的白葡萄酒也相当出色。1959年便已被囊括进格拉夫列级酒庄（Crus Classes de Graves）贵族之列。正像我们之前所说，这里的土地呈沙砾质，远远望去就好像耀眼的黄金一般，这种土壤相当有利于葡萄生长，酒庄出产的葡萄酒质量上乘，口感醇厚，佛泽尔堡也很快成了格拉夫地区最出色的酒庄之一。一直以来，酒庄庄主在酿造葡萄酒的时候都限制数量以达到更高的标准。佛泽尔堡出产的红酒口感丰满细腻，如同顺滑的天鹅绒般温柔，却又不失力度，而其生产的白葡萄酒则更是品质超凡。从20世纪80年代起，他们就酿造了一大批美妙的白葡萄酒，支支堪比波尔多地区历史上的知名白葡萄酒。这些白葡萄酒的酿造工序相当讲究，秉承古法的同时，又于1984年加以革新。注入木桶发酵的时候会首先带着压榨出来的渣滓，而后定期搅动，使那些沉淀漂浮上来。如此打造出的白葡萄酒堪称经典，不论从口感或气味上都相当诱人，并带着难以名状的和谐感，入口细腻醇厚，深邃浓郁。一瓶年份尚轻的白葡萄酒开启瓶塞后，一股清新的柑果香气混杂着白桃及杏子气息便会悠然飘荡开来。随着时间的流逝，窖藏多年的陈酒气息会变得更为复杂细腻，清甜的蜂蜜香夹杂着烤面包的气息，时而喷薄出白色花朵的芳香。总的来说，佛泽尔堡出产的白葡萄酒每一支都是一段由各种气息口感组合在一起的和谐交响乐，是果香与花香完美融合的饕餮大餐。

图中这沉静的酒窖中整齐地摆放着奥比昂庄园精心酿造的一桶桶佳酿。奥比昂庄园建园于1525年，如今，它秉承着酿酒传统不懈努力，为酿酒事业融入了很多现代因素。

稀有中的完美

法国波尔多五大名庄想必大家都不陌生，其中之一便是知名的奥比昂庄园（Château Haut-Biron）。它位于离波尔多市中心大约5公里的市属小区佩萨克（Pessac）的中心地带，被市内的建筑层层环绕，让人不得不赞叹这是身处喧闹都市中的世外桃源。酒庄中一块位于丘陵顶端平坦的泥灰质土地上生长着优质的白葡萄，这块地仅有3公顷，其产量占酒庄总产量的5%，然而正是这小小的一片土地却缔造出了最具波尔多特色的白葡萄酒。

奥比昂庄园酿造的葡萄酒就如同一颗颗璀璨昂贵又珍有稀少的珠宝一般，无法扩张的葡萄种植园虽然对酒的产量有很大的限制，却也因此更突出了其稀有性。其他耳熟能详的庄园还有克雷蒙教皇堡（Pape-Clément）和后面要提到的修道院奥比昂庄园（La Mission-Haut-Biron）。奥比昂庄园的土地中仅有3公顷种植白葡萄品种，其中一半种植着白苏维翁葡萄，另一半则种植着赛美蓉葡萄。用这些弥足珍贵的白葡萄酿造出来的葡萄酒口感爽利美味，那馥郁的芳香带着玫瑰的诱惑和菠萝的香甜，仿佛天边那一抹美丽动人的彩虹一般。这种酒的酒裙颜色呈淡淡的金色，相当细腻，微妙的香气和谐地结合在一起，显得清新灵动。入口之时，醇厚的酒香与水果香气慢慢在口腔中弥散开来，刺激着人们的神经，用来搭配各种美食都不会出差错，比如扇贝或者鱼类。

正如著名历史学家皮埃尔·维耶泰（Pierre Veilletet）在其所著的《葡萄酒图鉴》（*Vin, leçon de choses*）一书中所说："如同任何一件完美的艺术品，葡萄酒可以令那些收藏他们的人变得高尚（任何人都是如此，当一个人陷入一种痴迷的狂热时，任何财富对他都不那么重要了），葡萄酒就是如此。一瓶富有传奇色彩的名酒总带着一种超乎于现实的独特个性，可以令金钱变得苍白无力。"而奥比昂庄园的白葡萄酒正是这种值得为之痴迷的佳酿。

奥比昂庄园中这片仿佛迷你园的葡萄园中种植着白苏维翁葡萄和赛美蓉葡萄，用它们酿造出的白葡萄酒馥郁芳香，口感醇和清新。

格拉夫白葡萄酒中的珍品

如果说奥比昂庄园酿制的白酒是格拉夫地区最具传奇色彩的稀有好酒，那么它的临近产区——修道院奥比昂则完全不同。虽然它也为格拉夫地区打造了不少白葡萄酒，但是，这里的白葡萄酒带着绝对丰满与灵动的口感，那风味相当具象，从某种程度上说，超越了奥比昂庄园的白葡萄酒。

拉维奥比昂庄园（Château Laville-Haut-Biron）正位于这一葡萄产区。庄园中酿造的葡萄酒以赛美蓉葡萄为重头戏，约占70%，它可以赋予葡萄酒细腻与丰满的口感。其次是白苏维翁葡萄，约占27%，它让酿造出的白葡萄酒带着诱人的芳香。再次则是少量的慕斯卡黛葡萄（Muscadelle），它可以让白葡萄酒带有一丝美妙的麝香风味。拉维奥比昂庄园位列格拉夫五大干白产区之中，坐落在波尔多的小镇塔朗斯（Talence），其酒品质量上乘，产量稳定，仅仅几公顷的葡萄种植园在园主与工人们的精心照料下为爱酒之人孕育出了一款款经典杰作。拉维奥比昂庄园酿造的白葡萄酒酒裙颜色呈别透的透明色。打开瓶塞，浓烈的香气喷薄而出，入口后这股丰满的香气仍势头不减，细腻地充斥在口腔的每个角落，可以说是一种难以抵抗的味觉诱惑。这些珍品白葡萄酒的窖藏能力惊人的强大，比如1989年产的葡萄酒，需要至少窖藏到2020年才会达到味觉与口感的巅峰状态。庄园里葡萄种植园的土壤以沙砾和石头为主，不过这贫瘠的土壤正适合葡萄生长，也成就了格拉夫白葡萄酒中的珍品。格拉夫地区之所以被冠名为“格拉夫” 是因为这里的土地上遍布沙砾（法文为“gravier”），沙砾中又混杂着石子及加龙河带来的泥沙与卵石。

一般来说，格拉夫地区的北部，土壤中多卵石与石子。这种土壤比较适合红葡萄的生长，而随着地理位置向南推移，红色葡萄慢慢过渡为赛美蓉葡萄与白苏维翁葡萄，因为白色葡萄品种偏爱沙质土壤。总体来说，拉维奥比昂庄园的白葡萄酒不光拥有难以比拟的细腻度与醇厚口感，也充盈着难以名状的力度与扎实感。用它搭配煎鱼、炖鱼或壳类海鲜都是相当好的选择。

无与伦比的纯净

一直以来，普里尼 - 蒙哈榭（Puligny-Montrachet）葡萄产区心土中就沉淀着高卢罗马时期遗留下来的灵气，同毗邻的夏萨涅一样，由于盛产蒙哈榭葡萄酒而在原本的镇名“普里尼”后被加上了后缀“蒙哈榭”。在这里，有一块独一无二的特级田——孔贝特（Combettes）特级田，7 公顷的土地上却孕育出了世界知名的伟大干白葡萄酒。可以说，从这里出产的白葡萄酒就是普里尼葡萄酒的代名词，每一支都如绽放的鲜花，散发出缤纷的芳香，挥洒下诱人璀璨的光芒，令人们身心愉悦。它们有着难以名状的复杂口感，时刻向人们彰显出自己的独特魅力，在所有勃艮第白葡萄酒中占有相当重要的位置。普里尼 - 蒙哈榭产区位于莫尔索与夏萨涅之间，绵延两公里之遥，直与布拉尼（Blagny）毗邻。而莫尔索与夏萨涅两地也都是著名的葡萄酒产区，于是，我们无须怀疑此处所产葡萄酒的知名度了。

1903 年，埃蒂安 · 苏榭（Étienne Sauzet）在自己的故乡普里尼开辟了一块属于自己的葡萄种植园。这块葡萄种植园位于知名的孔贝特特级田中，所以，很快酒庄的事业与名望便如日中天。1975 年，酒庄创始人埃蒂安 · 苏榭去世，其家族成员接手酒庄事务，如今，该庄园由吉拉尔 · 布德（Gérard Boudot）管理，他是已故园主的女婿，也是一位经验丰富的葡萄酒工艺学家，曾是勃艮第精品白葡萄酒酿造者中的领头人物。埃蒂安 · 苏榭庄园在巴达 - 蒙哈榭与比安沃尼 - 巴达 - 蒙哈榭均有几块土地，自然而然地该庄园拥有一批出产好酒位列普里尼之首的葡萄田，如加雷纳（Garenne）、佩尔里埃、勒费尔（Referts）、佛拉蒂埃尔（Folatières）以及加奈园（Champs Canets）等。埃蒂安 · 苏榭庄园孔贝特特级田酿造的普里尼 - 蒙哈榭白葡萄酒可以说是一枝独秀，其口感和芳香都与众不同。开启瓶塞后，一股清新的蜂蜜与柑果香气油然而生，细细辨别，还有一种优雅动人的鲜花芳香。入口之后，绵密细腻的口感在口腔中弥散开来，渐渐变得强而有力，余味悠长。那种迷人的口味从始至终都相当丰满细密，没有丝毫重复。

这就是位于博讷丘普里尼 - 蒙哈榭葡萄产区的葡萄园，也正是这些葡萄成就了勃艮第地区那些深邃与丰满的白葡萄酒。

苏特罗堡建造于17世纪到18世纪，大气典雅的城堡主题搭配上勒·诺特式气派恢宏的庭院园林，称得上是索泰尔讷地区的一景。

上乘品质的耀眼光晕

苏特罗堡（Château Suduiraut）位于普雷尼亚克镇（Preignac）。从18世纪末起便由苏特罗家族掌管，第二次世界大战后，酒庄转手到佛罗因（Frouin）家族，如今已经由一家保险公司买入。设计苏特罗堡宏伟庭院的建筑师正是设计凡尔赛宫的安德烈·勒·诺特（André Le Nôtre）。苏特罗堡奢华的气势让人为之折服，恢宏的城堡就那样静静地屹立在那里，俯瞰着宽阔的加龙河。事实上，没有人知道是谁，在哪儿，在什么时间酿造了索泰尔讷（Sauternes）白葡萄酒，但是，大概所有人都知道酿造这种酒的方法是如此绝妙与大胆。首先在葡萄收获的时节，人们要精确地找到葡萄过熟的那个临界点，这样过熟的葡萄有一种迷人的芳香和口感。稍稍过了这个临界点，葡萄就不能使用了。葡萄的挑选极为严苛，采摘工序必须手工进行，一粒一粒地挑选，并需要挑选多次。最为特殊的是，每次都只采用差不多快变成葡萄干的贵腐葡萄。这正是索泰尔讷白葡萄酒的动人之处，感染了贵腐霉菌的葡萄果肉干缩，糖分和香味比正常的葡萄浓郁百倍，酿造出的酒是不可思议的美味。每一支索泰尔讷白葡萄酒都散发出上乘品质的耀眼光晕，而对上乘品质的追求必然决定了产量的稀少。著名美食记者兼作家的尼古拉·德·拉波迪曾这样说：“此处土壤中丰富的硅石、黏土与石灰成分造就了这形色俱佳又独一无二的葡萄酒。”苏特罗堡酿造的索泰尔讷白葡萄酒有着浓郁的水果香气，那香气相当馥郁复杂，甜美的蜂蜜与经过烤制的杏子风味完美地结合在一起，带着难以名状的滑腻与丰满。用它搭配鱼类、龙虾、鹅肝以及干酪都是不错的选择。

苏特罗堡出产的索泰尔讷白葡萄酒有着细腻丰满的口感，复杂诱人的香气，窖藏后更显别样风情。图为1990年份的索泰尔讷白葡萄酒。

值得期许的精美杰作

带着诱人魅力的索泰尔讷白葡萄酒就在这灯光昏黄的酒窖中慢慢变得浓郁醇厚。克里斯蒂安·梅德维尔（Christian Médeville）正在向我们展示酒庄中的杰作。

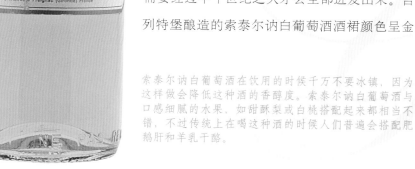

说到索泰尔讷白葡萄酒，其缔造过程真可谓是一次美妙的意外。秋季的夜晚雾气弥漫，而这种湿度与温度正适合贵腐霉在葡萄上面生长。太阳升起，气温升高，霉菌则会生长得更快更多。这时葡萄的表皮会干缩变成棕色，葡萄内的大部分水分蒸发，遗留下来的剩余葡萄汁中糖分与香气分子都比新鲜葡萄更为浓郁。用它酿造出来的葡萄酒香气集中，口感丰盈且储存力极佳。这次我们要提到的吉列特堡（Château Gilette）也位于普雷尼亚克镇，其规模不大，仅有 4.5 公顷的葡萄种植园。葡萄酒的产量为每年 7 千瓶，而毗邻的伊甘堡的年产量却有 9 万瓶之多。其实，吉列特堡在索泰尔讷的地位比较特殊，酒庄只出售那些陈年佳酿，所有上市的葡萄酒至少都要经过 20 年的窖藏。吉列特堡酿造的白葡萄酒中所用到的葡萄 83% 为赛美蓉葡萄，15% 为白苏维翁葡萄，2% 为慕斯卡黛葡萄。也正是这一配比让该庄园的白葡萄酒带着丰满馥郁的香气，成为值得人们期许的佳酿，每一款都带着难以言表的细腻、柔美与复杂特征。庄园所有产酒中以 1970 年、1971 年、1975 年和 1976 年这几个年份的葡萄酒为绝佳，是庄中所有葡萄酒的典范之作。如果您有足够的耐心，将买回来的吉列特堡葡萄酒再放上 10 年，那么，等您再开启瓶塞的时候，那美妙的风味与口感绝对是您难以想象的。在索泰尔讷，我们把头遍压榨的葡萄酿出的葡萄酒称为“Vin de tête”，直译过来就是“头酒”，事实上也就是顶级佳酿的意思。如果酿造出来的葡萄酒既稀有，品质又绝佳，得到人们的广泛青睐，我们就称之为“Crème de Tête”，这里“Crème”有精华、精髓的意思，而“Tête”是头，翻译过来就是精品中的精品。不过，这些佳酿中的精品是为那些肯耐心等待的人准备的，那独特的美感、丰满的果香有时需要经过半个世纪之久才会全部迸发出来。吉列特堡酿造的索泰尔讷白葡萄酒酒裙颜色呈金

索泰尔讷白葡萄酒在饮用的时候千万不要冰镇，因为这样做会降低这种酒的香醇度。索泰尔讷白葡萄酒与口感细腻的水果，如甜酥梨或白桃搭配起来都相当不错，不过传统上在喝这种酒的时候人们普遍会搭配肥鹅肝和羊乳干酪。

色或透亮的琥珀色，散发着缤纷丰腴的花香、甜美的蜂蜜与水果香气，入口后口感滑腻细润。据记载，索泰尔讷白葡萄酒的酿造历史已经有3个世纪之久。在1666年10月15日伊甘堡经营者索瓦日（Sauvage）家族拟定的法令中，我们可以看到："为了不损坏所产葡萄酒的名誉，所有酿酒用的葡萄都必须在成熟的最佳时机采摘，也就是说，在鲍穆（Bommes）与索泰尔讷葡萄产区的葡萄采摘必须要等到每年的10月15日。"如今，索泰尔讷白葡萄酒在索泰尔讷、法尔格（Fargues）、鲍穆、普雷尼亚克以及巴尔萨克（Barsac）均有酿造。决定这种白葡萄酒酿造成功的因素有4个：首先是3种葡萄的完美配比；其次是丘陵上含有沙砾的独特土壤；再次是当地特殊的气候状况，因为在这里，9月份的时候，浓重的雾气会持续到太阳升起；最后则是那绝妙的贵腐霉菌，正是它带给这里的白葡萄酒完美的口感与芳香。

索泰尔讷白葡萄酒的酿造方法相当独特，不添加糖和任何人工添加剂也能得到一种圆润丰满的口感。

至纯的黄金

“伊甘（Yquem）”这一词来源于日耳曼语系，意思是戴着中世纪武士的柱形尖顶头盔，事实上就是彰显尊贵之意。

1666 年，伊甘堡为索瓦日家族所有。1785 年，该堡主人的女儿弗朗索瓦兹·罗塞菲娜（Françoise Joséphine）嫁给了路易-阿梅戴·德·绿-沙吕思（Louis-Amédée de Lur-Saluces）伯爵，酒庄也正式归于德·绿-沙吕思家族旗下。

秋日的雾霭创造了伊甘堡的奇迹。9 月末清晨，缥缈的雾气慢慢地从加龙河上蒸腾而起，如梦如幻地爱抚着一粒粒葡萄果实，直到日头升起，雾霭才慢慢散去。潮湿雾气呵护过的青涩葡萄慢慢生出一层细腻的霉斑，这就是著名的贵腐霉菌。生长了这种霉菌的葡萄会从黄色变成黄铜色，慢慢再过渡到橙色，最终变成栗色或棕色。与此同时，变了色的葡萄也会慢慢成熟，一点点地萎缩。皱缩的葡萄水分流失，而糖分与香气却更为集中，用这种葡萄酿造出的葡萄酒口感与芳香都堪称一流。

1785 年的秋天，伊甘堡内 120 多名葡萄果农在酒庄 100 多公顷的葡萄种植园中辛勤地工作着。他们一粒一粒的用手采摘下那染满贵腐霉菌的苏维翁葡萄（这种葡萄较为多汁，酿酒时构成酒品的主体），还有那馥郁芳香的赛美蓉葡萄（这一葡萄品种的气味浓郁细腻）。事实上，这两种葡萄的生长土壤各有不同，一种比较偏向于布满石子的土壤，另一种则偏向于比较黏腻的黏土质土壤。另外还有一种在酿酒时少量添加的葡萄——慕斯卡黛葡萄，它则比较偏爱沙质土壤。之后要做的就是按照一定比例将 3 种葡萄混合在一起压榨。这一切工序都是纯手工的，没有任何机械参与。压榨工序需要至少经手 4 次才能将葡萄内的水分完全压榨出来，而且，其间葡萄的分拣工序也相当繁琐，大约要进行 14 次之多。法国哲学家及历史学家米歇尔·赛尔（Michel Serres）这样在自己所著的《五感官》（*Les Cinq Sens*）中的“餐桌”（Tables）一章中写道：“这瓶产于 1947 年的陈年伊甘堡佳酿真的如同一瓶流动的黄金。这还是我们在一个住在巴黎东北部，靠近维耶特的博学商人那儿找到的……那瓶

每棵葡萄植株都需要十分细心的护理，这样才能酿出高品质的葡萄酒。右图中城堡内的酒窖是中世纪时期建成的，在这里存放着自18世纪到19世纪间最好年份的绝美佳酿。

德·绿-沙吕思家族军队的旗徽。

中流动的液体呈深邃的金黄色，微微透着一股近乎于古铜色的橙色，在光线的折射下散发着诱人的粉红色……那天，我们品尝了好久这瓶佳酿，而如今我们仍常常提起那难以忘怀的滋味。”伊甘堡和位于索泰尔讷地区的其他酒庄一样，所有酿造的葡萄酒都要经过长时间的窖藏。一支能够品尝出丰满木香韵味的葡萄酒起码要窖藏上10到20年，有时甚至要50年才能达到这种独特香味的巅峰。那种混合的气息带着蜂蜜的香甜，成熟杏子和菠萝的芳香，还有时夹杂着浓郁的糖渍水果香气。伊甘堡，大家都以“Premier cru supérieur”来命名这家传奇式的酒庄，而非简单的“Premier cru”，众所周知“Premier cru”——一级产区——已经是葡萄酒庄中顶级的称号，而对于伊甘堡，人们又加上了一个“supérieur”，也就是说它是一级中的一级。出自该酒庄的葡萄酒风味醇厚，浓浓的酒香彰显出无比深邃的质感，酒裙颜色金黄，泛着迷人又神秘的光芒。正是伊甘堡独特良好的风水条件以及一贯秉承的细致生产工序造就了这细腻又力度卓绝的佳酿，也使得酒庄的声誉延续至今而不朽。从建园至今，酒庄出产的每一年份的葡萄酒都相当出色，不过有几个年份的酒则更是超凡脱俗，比如1921年、1937年、1947年、1949年、1959年、1967年、1975年、1983年还有1988年。伊甘堡园主亚历山大·德·绿-沙吕思伯爵总会这样反复念叨：“只有伊甘堡的索泰尔讷白葡萄酒才是最为名符其实的。”如今，酒庄已由贝尔纳德·阿尔诺（Bernard Arnault）接手，不过庄园还是秉承着一贯的酿酒作风，坚守传统，时时刻刻都耐心处事，为世人酿造出一支又一支的绝世佳酿。然而在年景不好的时候，酒庄也会毫不犹豫地取消生产，以保持自己酒品的声誉与品质。

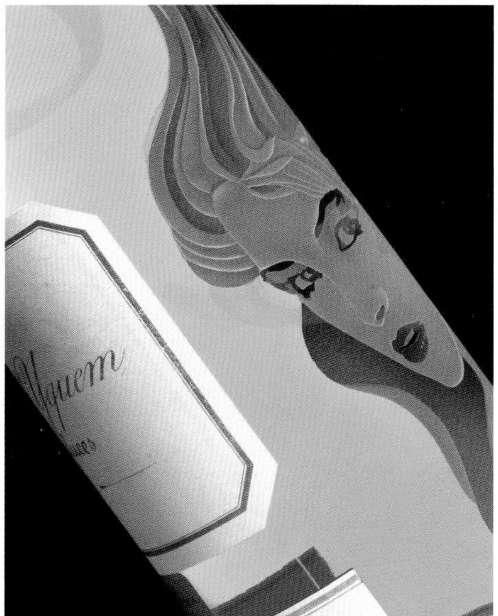

一瓶伊甘堡出品的葡萄酒，酒瓶上绘有一女子头像。

土地的灵性

宏河坡酒庄葡萄种植园里的葡萄从 1985 年起便利用生物动力法栽培，在这里工作的葡萄果农一般为手工劳作，不过也会带着马耕种，因为卢瓦尔河两岸突出的岩壁过于坚实硬厚，难以耕种。

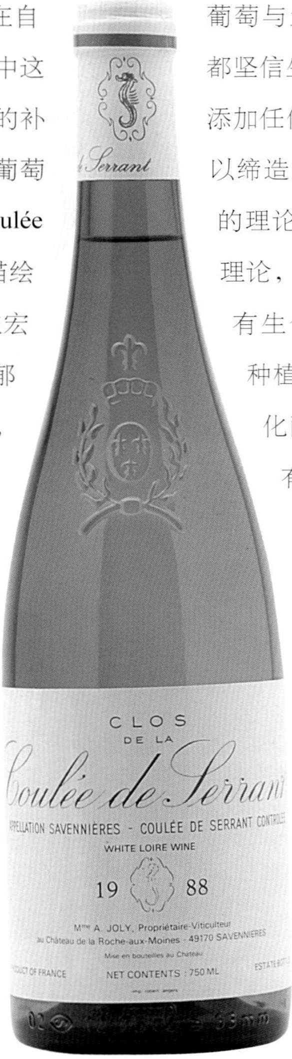

著名酒评家米歇尔·多瓦（Michel Dovaz）曾在自己所著的《法国名酒》（*Les Grands Vins de France*）中这样写道："如果说需要回答一道普鲁斯特问卷①提出的补充问题，比如说，请说出一支来自卢瓦尔河的知名葡萄酒，那么我一定会选择赛宏河坡酒庄（Clos de la Coulée de Serrant）的葡萄酒。"并且，在书中，他是这样描绘这种白葡萄酒的："酒裙呈金黄色，如同落日余晖恢宏壮丽，那颜色的饱和度是如此之高，而口感和浓郁度也一样之高。馥郁的水果香气挑逗着人们的味蕾，那味道仿佛甜美的蜂蜜，又如绽放的野花，一切都那么完美无瑕。"起初，也就是在公元 1130 年，宏河坡酒庄不过是一块 7 公顷的土地，西多会教士在这里种上了葡萄，并每年进行采摘，而后不久，这片土地的面积慢慢扩大。1959 年，一位在乡下找寻房屋的外科医生偶然发现了这块地，便出钱将其购下，并投身于改造这一酒庄的艰苦工作中。他所做的努力没有白费，因为这里出产的白葡萄酒被法国美食家、著名的"美食王子"古农斯基誉为法产五大名白葡萄酒之一。如今，酒庄庄主的儿子，尼古拉·乔利接任父亲，负责葡萄园中的各项事务。事实上，他就好像一个呵护葡萄与土地的化学家、令人信服的虔诚教徒，从始至终都坚信生物动力法的种植栽培方法：在种植葡萄的时候不添加任何化学成分，不施加任何化肥。尼古拉·乔利之所以缔造这一理论，是对鲁道夫·斯坦纳（Rudolf Steiner）的理论与天文学理论的升华。他于 1985 年研究出这一理论，并将其应用于自己的葡萄上。在他看来，土地是有生命的，在种植葡萄的各种风水因素中占重头戏。种植葡萄的时候，首先要做的，也是最重要的就是强化酿酒用葡萄的独特个性，就比如白诗南葡萄，只有强化了它的细腻，才能酿出绝妙的萨维尼埃白葡萄酒（Savennières）。怎样才能做到这点呢，那就必须尊重土地，尊重它的特性，了解它的敏感点。

每一支不同年份的葡萄酒都是不同的，因为生命不会重复。可以说，宏河坡酒庄酿造的葡萄酒就是一种力度与优雅完美结合在一起的和谐感，而这种和谐感会随着时间的流逝而永存。

① 普鲁斯特问卷（Questionnaire de Proust）：这个问卷是由一系列问题组成的，所提到的问题涉及被提问者的生活、思想、价值观及人生经验等等。该问卷之所以被称为普鲁斯特问卷，并不是这份问卷的发明者是普鲁斯特，而是因为他特别的答案而出名。——译者注

细腻、和谐与集中的芳香口感

当法国勃艮第地区著名的干白来到美国加利福尼亚州的时候，一股努力与之抗衡的势头便悄然升起了。

吉斯特勒酒庄(Kistler Vineyards)建立于1979年。从缔造至今的20几年中，创造者史蒂夫·吉斯特勒(Steve Kistler）和马克·吉斯特勒（Mark Kistler）对葡萄酒的热爱与激情一直不减。酒庄位于美国加利福尼亚州的索诺马县（Sonoma），旧金山以北。准确地说，吉斯特勒酒庄位于美国俄罗斯河的河谷中。在这片神秘的谷地中有不少知名的酿酒企业，诸如历史悠久的塞巴斯提亚尼（Sebastiani）葡萄酒公司与布埃纳·维斯塔（Buena Vista）葡萄酒公司。可以说，正是这片风水良好的土地孕育了出色的霞多丽葡萄。这种葡萄相当适合酿造纯正的干白葡萄酒，就比如法国知名的夏布利干白葡萄酒，还有勃艮第地区的经典佳酿莫尔索白葡萄酒和蒙哈榭白葡萄酒都是利用这种葡萄酿出的美味琼浆。其实，不光在法国有这种能酿出顶级白葡萄酒的霞多丽葡萄，在美国加利福尼亚州也一样有它的身影。这些质量上乘的霞多丽葡萄主要分布在气候凉爽的纳帕谷、圣·贝尼托（San Benito)、索诺马以及蒙特里（Monterey)。霞多丽葡萄可以适应这些地区的气候以及土壤条件。当然，这也不是说在这里种植葡萄就是一帆风顺的，相反，这里的葡萄产量也并不多，培育过程也并不如想象得简单。

吉斯特勒酒庄葡萄种植园的面积约为16公顷，葡萄酒年产量大概为16000箱，庄园中种植的霞多丽葡萄被认为是全加州最优秀的，每粒葡萄果实都带着特有的复杂芳香与丰满的口感。吉斯特勒酒庄所采用的酿酒方法完全效仿勃艮第地区的古老酿酒模式，也就是一种鉴于产量稀少而进行的分块式酿酒方法。同时，酒庄也与时俱进，在其中揉进了现代高科技的酿酒法。正因为酿酒过程精益求精，所以我们完全有理由说史蒂夫·吉斯特勒和马克·吉斯特勒酿造的霞多丽白葡萄酒可以与勃艮第地区的经典白葡萄酒匹敌。该酒庄出品的哈德森葡萄园霞多丽白葡萄酒（Hudson Vineyard Chardonnay）就是经典之一。细腻、和谐与紧实集中的芳香口感在这款酒中完美地平衡融汇，又不失自身的复杂性，特别是那醇厚的风味，让人久久不能忘怀。

高雅的人间甘露

皇家托卡伊葡萄酒公司位于迈德镇，占地60余公顷，所有葡萄园的地理位置及气候环境都相当好，其中最佳葡萄田共有28公顷，用于酿造顶级托卡伊葡萄酒。

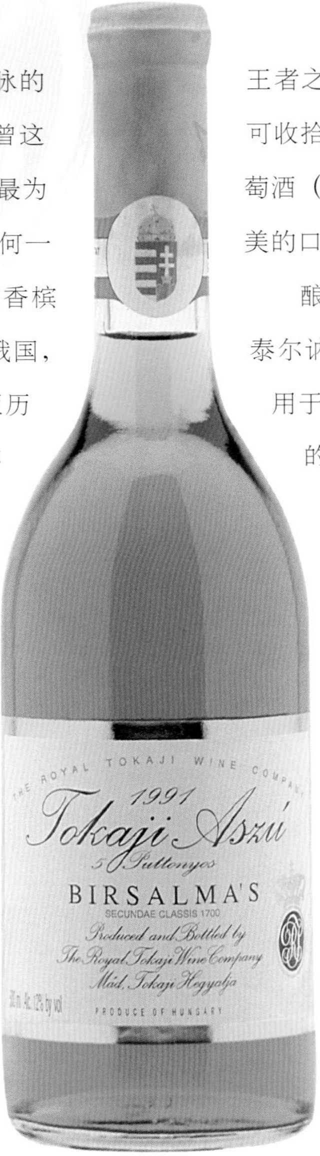

很久以前，葡萄就已经生长在喀尔巴阡山脉的山麓上了。著名俄国酒商亚历克西斯·利希纳曾这样形容托卡伊葡萄酒：“这种酒是口味和香气都最为集中紧实的一种。它所散发出的迷人旋律比任何一种葡萄酒都要绝妙。甚至那跳动着灵性气泡的香槟酒也比不上这种独特的葡萄酒的华贵气息。在俄国，彼得大帝和女皇叶卡捷琳娜无不为之倾倒。”亚历克西斯·利希纳一边这样说着，一边把这支酒排在一瓶最好年份的伊甘堡佳酿的前面，然后补充道：“伏尔泰曾说是托卡伊葡萄酒刺激了他脑中最为细微的神经，经过它洗礼的头脑仿佛着起了火，灵动绝妙的文字也泉涌般的迸发而出。托卡伊葡萄酒激活了他内心最深处愉悦与跳动的智慧火花。”通体金黄的托卡伊葡萄酒的恢宏历史大约始于1562年的特伦托会议，它是世界上第一支贵腐酒，比德国的早了100年，比法国的更是早了将近200年。法国皇帝路易十五曾把托卡伊贵腐酒（Tokay Aszú）献给自己的情妇蓬帕杜夫人，并且对其夸赞这支酒是“酒中之王，王者之酒”。于是，托卡伊葡萄酒的传奇故事便一发不可收拾地蔓延至今。其中顶级酒款，皇家精华托卡伊葡萄酒（Royal Eszencia）更是经典，其含糖量相当高，甜美的口感会让引领灵魂的天使们都恋恋不舍。

酿造这种口味紧实集中的葡萄酒的方法类似法国索泰尔讷地区酿造贵腐酒的方法，但是却有其独特之处。用于酿造托卡伊葡萄酒的福尔明葡萄果实颜色呈晦暗的黄色，果皮厚实。秋日里炙热的阳光照射着一串串葡萄使其成熟，夜晚的雾气慢慢爬上葡萄果实。这样的微环境为贵腐霉的生长奠定了基础。感染了贵腐霉的葡萄酸度大大降低，而糖分则集中保留在皱缩了的葡萄粒中。10月份，庄园中的葡萄果农们便开始着手采摘工作，这一工序要持续到当年12月，那时候，感染霉菌的葡萄颗粒便会丧失所有的水分，而含糖量也会达到巅峰状态，在当地，这一状态被称为“aszú”，也就是葡萄被贵腐霉感染变干涸的意思。而我们刚才所说的精华托卡伊（Tokay Eszencia）则是选用那些糖分积攒到极致的干涸葡萄进行酿造，其采摘过程相当辛苦，需要人工一粒一粒

图中是位于迈德镇的最大且最深的酒窖，绵延两公里之长，可以装下一百万升的葡萄酒。

产自匈牙利的托卡伊葡萄酒传统上都盛放在透明的50厘升瓶子中出售。

皇家托卡伊葡萄酒公司诞生于1989年，起初是由丹麦投资者投资支持的63个匈牙利葡萄园庄主组成的合作社，投资人是丹麦葡萄酒商及格拉夫地区兰迪拉堡（Château de Landiras）的主人温丁-迪尔斯（Vinding-Diers）先生。

地采摘，收集下来的葡萄会被盛进酒槽，由于重力，堆积在槽中的葡萄会流出汁液并发酵成酒，而这些酒都被陈放在地下幽暗的酒窖中。托卡伊、迈德（Mad）、托尔斯瓦（Tolsva）、沙罗什保陶克（Sárospatak）还有莫诺克（Monok）等地区都有这样位于地下的酒窖。之所以在很早之前采用这种方式酿制葡萄酒，是为了躲避土耳其人的侵袭。这种精华托卡伊通常用以添加其他类型的贵腐甜酒，一般并不出售。酿造普通的托卡伊贵腐酒时，贵腐葡萄浆与普通葡萄浆的配比比较随意。在当地，舀取贵腐葡萄浆的小桶被称为“puttony”（复数为puttonyos），一桶的量约为2公斤，人们在酿造葡萄酒的时候会用这种小桶舀取贵腐葡萄浆倒在已经盛有普通葡萄汁的橡木桶中发酵。酿造成的葡萄酒酒瓶上会注明“puttony”的数量，数字越高证明充入橡木桶中的贵腐葡萄浆越多，这一数字一般由2延续到6。如果一瓶托卡伊葡萄酒的酒瓶上标有数字5或者6，那么也就是说这支酒中贵腐葡萄浆的量差不多占到了八九成。柔美又绝妙的口感，带着悠扬不绝的香气，顶级的托卡伊贵腐酒就是如此。它们在低矮的酒窖中慢慢成熟，酒窖低矮的穹顶甚至让人直不起身子。是的，在伟大的托卡伊葡萄酒面前，我们必须卑躬屈膝。

随着匈牙利实行国有化，这种绝妙的托卡伊葡萄酒悄然淡出了历史舞台，之后私有葡萄园的逐渐回潮，特别是有赖于法国、英国和西班牙的投资［诸如著名的帕索氏堡（Château Pajzos）、伯德加斯·欧瑞莫斯酒厂（Bodegas Oremus）及皇家托卡伊葡萄酒公司（Royal Tokaji Wine Company）］，这种伟大的皇室之酒才得以重生，其中皇家托卡伊葡萄酒公司出品的“5 Puttonyos”的托卡伊贵腐酒可以称为经典。

如今的皇家托卡伊葡萄酒公司已为英属公司，只生产及出口托卡伊贵腐酒，公司所有葡萄产区中58%属于一级或二级葡萄种植园。

云岭酒庄的两位创始人卡尔·凯瑟尔和唐纳德 J. P. 兹莱多（Donald J. P. Ziraldo）在自己酒庄中的品酒售酒厅中。

冰雪中的黄金

寒冷、坚冰还有那令人目眩的险峰……这一切严苛的条件却创造出了一支梦幻般的葡萄酒。它通体金黄，带着琥珀特有的剔透纯洁，泛着落日余晖特有的宁静光芒。没错，这就是来自加拿大的冰酒（Icewine）。如果想找到它，那就毫不犹豫地奔往那宏伟湍急的尼亚加拉大瀑布吧。加拿大主要的葡萄酒生产商都星罗棋布地分散在这一带。在这片土地上，冬天要持续半年左右，不过由于有五大湖，这里的温差并不是很大，如此一来便为葡萄种植创造了良好的条件。在加拿大，4/5 的葡萄种植园都集中在尼亚加拉河流域，适合葡萄生长的土地环绕在安大略湖旁，而有着田园风光的伊利湖则经由尼亚加拉河与安大略湖紧紧相连。这里的冬天比加拿大其他地区要温和一点，夏天酷热，秋天日晒充足，气候温和。我们要提到的云岭酒庄（Inniskillin）就位于这片土地。该庄园酿造的冰酒有着出乎寻常的集中口感及芳香，曾在 1991 年波尔多葡萄酒博览沙龙获得大奖。也正是这次获奖奠定了云岭冰酒（Icewine Inniskillin）的盛名。酿造这种口感甜柔的葡萄酒的技术相当繁复，最早起源于德国和奥地利，也正是云岭酒庄创始人卡尔·凯瑟尔（Karl Kaiser）的故乡。在云岭酒庄，葡萄果农往往在 12 月或来年 1 月采摘葡萄，每天采摘之时他们会很早起床。那时，外面漆黑一片，寒风阵阵。之所以这样做，是因为酿造冰酒的葡萄在倒进压榨桶前必须保持结冰的状态。用这种结冰葡萄压榨出来的葡萄汁仅有普通葡萄汁水的 5% 到 10%，不过其糖分会比普通葡萄浆中的糖分高很多。压榨出来的葡萄汁会经过几个月的发酵。发酵成的葡萄酒口感甜润，芳香绵长，不过酒精度不会很高。将其倒入酒杯，那剔透的金黄色灵动晶莹，慢慢散发出甜美的果香与曼妙的花香，其间还夹杂着点点烟草气息，细细辨别还有诱人的咖啡及焦糖香气。

手工吹制的限量水晶瓶，这些晶莹透亮的水晶瓶正是为加拿大冰酒特别打制的。

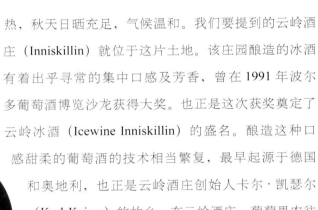

武弗雷康士坦斯白葡萄酒
加斯顿·于厄酒庄

冬日清晨薄薄的雾霭中，一座古朴的小尖塔隐没在树叶已经落光的葡萄园中，这正是加斯顿·于厄酒庄3大葡萄园之一，高地葡萄园的所在。

眼、手、心的绝妙结合

幽暗古老的酒窖中的温度与环境都相当适合葡萄酒的储存。

加斯顿·于厄酒庄（Domaine Gaston Huet）成立于1928年，位于法国北部卢瓦尔河北岸的武弗雷地区。这一地区自古就以出产口感细腻醇厚且甜美绝佳的白葡萄酒而著名。文艺复兴时期重要人文主义作家弗朗索瓦·拉伯雷（François Rablelais）便这样形容武弗雷白葡萄酒：“这酒如丝如绸，顺滑细腻得仿佛柔软的薄纱。”加斯顿·于厄酒庄是法国图赖讷（Touraine）地区风景最美的葡萄庄园之一。目前由加斯顿·于厄（Gaston Huet）和其女婿管理经营。酒庄共拥有30多公顷的葡萄种植园，地理位置及风水都相当好。几个世纪以来，卢瓦尔河不断冲刷塑造着这片土地，为它带来泥灰与石灰混合质的土壤，也为其缔造了3个较为重要的葡萄种植园：高地葡萄园（Le Haut-Lieu）、勒蒙葡萄园（Le Mont）和乡镇围园(Clos du Bourg)。作为酒庄的负责人，加斯顿·于厄深谙合理发挥自己资源与王牌之道。特别是在葡萄种植栽培方面，于厄家族采用生物动力法，不添加任何化学成分，也不施加任何化肥，充分彰显了酒品固有的特性。在武弗雷地区，想要酿造两支完全相同的葡萄酒是根本不可能的事情，即使同一年出产的葡萄酒也都不尽相同。在这里，多泥灰及石灰质的土壤十分有利于白诗南葡萄的生长。这种颜色淡黄的葡萄相当适于酿造干白、半干白、爽口甜白酒或香槟。年轻的武弗雷白葡萄酒气味清新缥缈，沁人心脾，诱惑着人们的味蕾。如果气候凉爽，窖藏的武弗雷白葡萄酒会发酵成甘醇的干白酒，即使时过境迁，其美妙的刺槐与金银花香气也经久不散，浓郁迷人。如果气候比较炎热，阳光又充足，那么这种酒的甜度就会升高。这种酒可以存放50年左右。加斯顿·于厄酒庄康士坦斯园（Cuvée Constance）出产的葡萄酒集结了之前我们所提到的3个葡萄种植园的优点，其酒裙颜色金黄，芳香馥郁，散发着椴花香气、蜂蜜的香甜与好闻的木香。入口口感丰满，浓郁的果香灵动鲜活于唇齿间，令人久久不能忘怀。

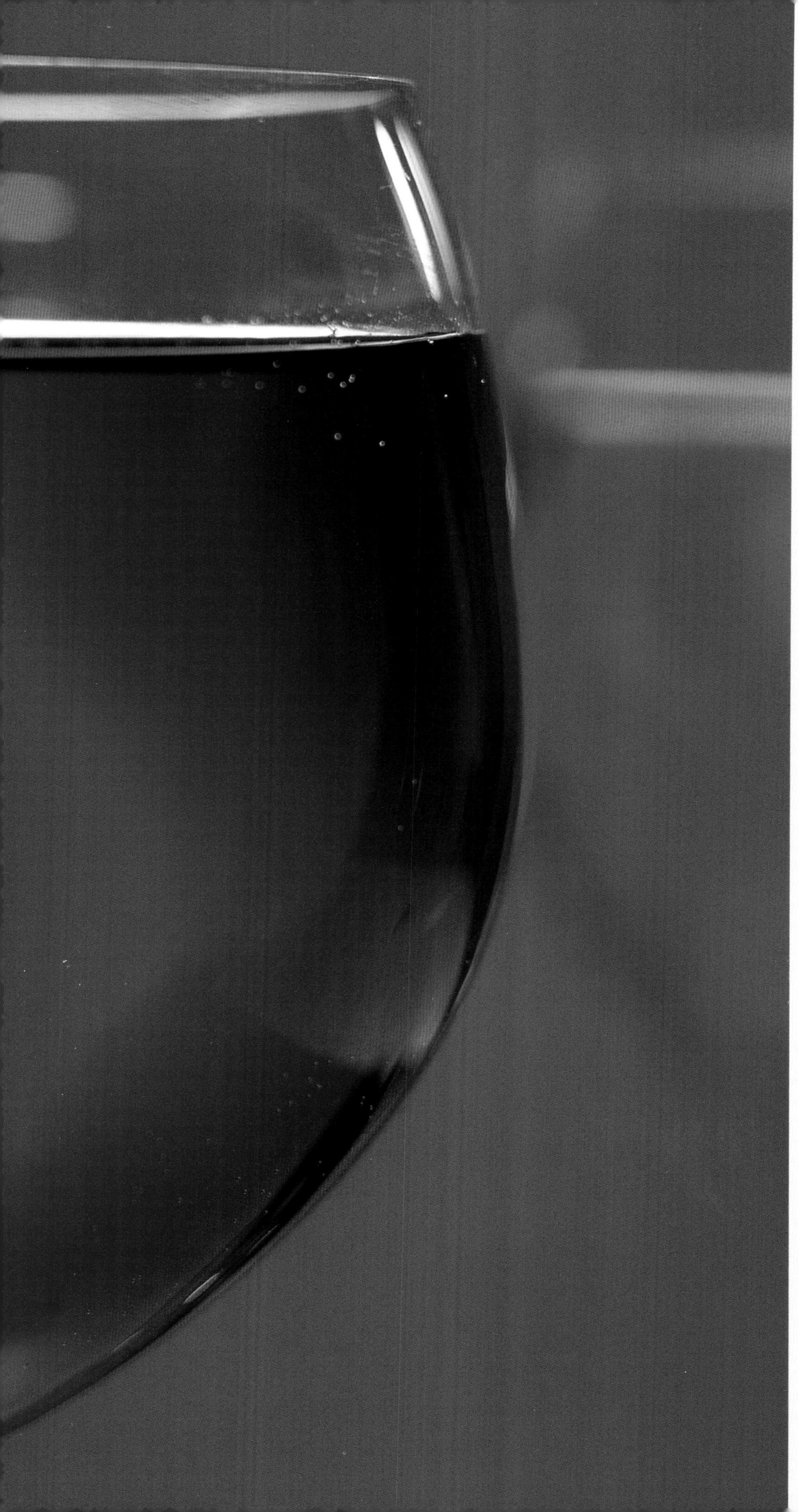

红葡萄酒

力度、醇美与丝绒般的细腻柔润

埃里克·德·圣-维克多（Éric de Sant-Victor）正在与其父亲，也就是皮巴尔依堡的缔造者在田间辛勤地工作着。

皮巴尔依堡（Château de Pibarnon）坐落于以薰衣草闻名的普罗旺斯地区，位于当地知名的葡萄酒产区——邦多勒（Bandol）。邦多勒那古朴的身影位于海天之间的小丘上，小丘的名字也颇为好听，鹰喙（Bec de l' Aigle）或因比兹（Embiez），不远处则是旧时连接土伦（Toulon）与巴黎的电报局。皮巴尔依堡葡萄酒庄全部由岩石建造，位于丘陵顶端。在这里，茂密的森林、丛生的灌木与整齐划一的葡萄和谐地生长在一起，就仿佛是一个天然的避风港，干寒与强烈的西北风完全侵袭不到这里的植物。该地的土壤经历了第四纪的地壳运动，明显比周边其他地区的土壤层更为古老。另外值得一提的优越条件是，葡萄园内蓝色泥灰土含有相当多的微量元素以及石灰质。如此一来，用在这里生长的葡萄酿出的酒往往会带着特有的矿石香气，且单宁芳香十分细腻。皮巴尔依堡中45公顷的葡萄种植园全部面向东南。大家不要小看这一朝向的问题，面朝东南的葡萄园可以使得葡萄慢慢成熟。葡萄园中种植的大部分葡萄为慕合怀特红葡萄，是皮巴尔依堡的镇园之宝。正是用它酿造出了令人欲罢不能的邦多勒红葡萄酒。也成就了亨利·德·圣-维克多（Henri de Saint-Victor）神圣的葡萄酒酿造事业。当年，他爱上了邦多勒红葡萄酒，于是便放弃了自己欣欣向荣的公司，投身到葡萄酒酿造事业中。皮巴尔依堡的白葡萄酒丰满又细腻，带着灵动的音符；粉红酒则相当平和，口感纯然。最为值得赞叹的是这里的红葡萄酒，它们颜色深邃，力度卓然却不失柔润，是酒庄乃至该地区当之无愧的佼佼者。如同法国图卢兹大学葡萄酒系教授皮埃尔·卡萨马约尔（Pierre Casamayor）所说："窖藏5到6年的邦多勒红葡萄酒会将自己完美的特性全部展示出来。它带着松露特有的天堂味道、深沉的木香、甘草的甜香以及细腻的香料芳香，细细分辨，优雅的松香油然而生，沁人心脾。入口后，那红色的液体带给味蕾致密与醇厚的感觉。那种感觉在口腔中慢慢扩大，单宁的味道逐渐彰显，那么细腻与和谐。慕合怀特红葡萄将自己的全部精髓毫无保留地展示出来，仿佛迷人顺滑的天鹅绒一般。"

1996年产的邦多勒红葡萄酒，至少窖藏10年才能达到最佳风味，与野味或松露一起搭配是很好的选择。

安杰罗·嘉雅酒庄恬静安详的酒窖中沉睡着装满巴罗罗红葡萄酒的传统木桶及新制的橡木桶。

意大利酒中之王

酒窖中一瓶瓶如同珍宝的绝世佳酿。

早在17世纪的时候，嘉雅家族（Gaja）离开了西班牙来到了意大利的皮埃蒙（Piémont）葡萄酒产区，于1859年成立了自己的家族酒庄。直到20世纪60年代，酒庄缔造者的曾孙接手公司事务后，开展了一系列创新研究，使得嘉雅家族生产的巴罗罗（Barolo）红葡萄酒成为该酒种中的翘楚。意大利的巴罗罗红葡萄酒酒体坚实强劲，馥郁的口感在口腔中挥之不去，让人心旷神怡。如果要用几个词来形容安杰罗·嘉雅酒庄（Domaine Angelo Gaja）出产的葡萄酒，那无疑是“优雅”与“质朴”无疑，因为他们懂得如何将自己葡萄酒的美学价值发挥到极致，这一点从庄园那简洁明快的酒标上也可以一览无遗。在安杰罗·嘉雅酒庄中，传统的酿酒方法与高科技并不冲突，二者相互交融、并行并存，就像我们在他们的酒标上所看到的，黑色与白色各占一边，虽然是扎眼的强烈对比，但是两者和谐地并行并存着。和其他所有酒庄一样，嘉雅家族一直在努力将传统与现代相结合，他们不断地探索新方法，但是也同样没有忘记已经根深蒂固的传统习俗。可以说，嘉雅家族的巴罗罗红葡萄酒就如同一朵绽放的花朵，彰显了酒庄一直以来的不懈努力与耕耘，其中一款名为怀旧巴罗罗（Barolo Sperss）的葡萄酒则更为经典。1961年之前，安杰罗·嘉雅酒庄在酿造巴罗罗红葡萄酒的时候主要靠购买自己庄园以外的葡萄，1961年之后，酒庄决定只出品用自己葡萄种植园出产的葡萄酿造的酒，于是，这一传奇佳酿便销声匿迹了。1988年，酒庄在不远处又购得了一片葡萄园。利用这里出产的葡萄，安杰罗·嘉雅酒庄又推出了那绝美的巴罗罗红葡萄酒，并以“Sperss”命名，意为“怀旧”。由此，往昔的经典杰作终于回归了……嘉雅家族推出的那绝美的巴罗罗红葡萄酒华贵且细腻，浓重明显的单宁使之回味悠长，清新的果香在入口的同时瞬间迸发，给人以复杂与特异的感觉。

装饰简单的酒标彰显了安杰罗·嘉雅酒庄一直以来秉承的传统与现代的完美结合。

永恒的和谐

如果没有碧安帝 - 山迪家族，就没有传奇的蒙达奇诺的布鲁奈罗红葡萄酒。图中是酒庄缔造者的孙子佛朗哥与其子雅各布（Jacopo）。

在意大利佛罗伦萨以南 120 公里，谢讷（Sienne）以南 40 公里处，有一座美丽的小镇，名叫蒙达奇诺（Montalcino）。小镇周围环绕着洒满阳光的小丘陵，丘陵上种植着一种用于酿制出色的意大利红葡萄酒的葡萄——布鲁奈罗。它是桑娇维塞葡萄的一种（酿造意大利基安蒂葡萄酒的绝佳选择）。这种酒相当绝妙，甚至很多意大利人乐于把它与法国勃艮第地区的名酒相提并论。当然，这并不是这些人的一己之见，蒙达奇诺的布鲁奈罗红葡萄酒（Brunello di Montalcino）确实是意大利出产的最名贵美酒之一。如果我们在品酒 12 小时前悉心打开瓶塞，任其放置一段时间，那么其平衡与充实的口感会令你觉得惊艳。

可以说，如果没有碧安帝 - 山迪（Biondi-Santi）家族，就没有布鲁奈罗红葡萄酒。在他们之前，这一片的葡萄种植者只酿造一种平实无华的基安蒂葡萄酒。19 世纪 70 年代，意大利王国成立，而后的复兴运动则更是掀起一股优质葡萄酒酿造的热潮。身处那个时代的费鲁乔 · 碧安帝 - 山迪（Ferruccio Biondi-Santi）不单单是一名通晓地质层特点与植物群系的生物学家，他还是一位艺术家、音乐家与画家。更值得一提的是，他还是意大利著名爱国将领朱塞佩 · 加里波第（Giuseppe Garibaldi）的忠实拥护者。一直以来，费鲁乔·碧安帝 - 山迪就想酿造出一支意大利独有的佳酿与法国的名酒抗衡。于是，他打破托斯卡纳（Toscana）地区利用 5 种不同葡萄酿酒的传统，仅用自己培育的布鲁奈罗葡萄酿造。这种葡萄果型较小，果皮厚实，不论从颜色或口味上都相当浓重。利用它，碧安帝 - 山迪家族酿出了一种令整个意大利乃至全世界都为之惊喜的葡萄酒。酒庄缔造者的孙子佛朗哥（Franco）曾相当细致且公正地描述这种布鲁奈罗红葡萄酒，说它红艳得就好像石榴石一般深邃透亮，香味浓重，口感细腻充实，那种入口的感觉既炽烈又甘醇，仿佛在口腔中永恒地维持着和谐与平衡。酒庄 12 公顷的家族葡萄园中，每逢葡萄收获的季节，工人们便会一粒粒地手工采摘挑选最优质的葡萄果实。只有寿命在 25 年以上的葡萄才可以用来酿造珍藏版布鲁奈罗（Brunello Riserva）红葡萄酒。碧安帝 - 山迪庄园酿造的蒙达奇诺的布鲁奈罗红葡萄酒一般建议窖藏 10 年至 20 年甚至 50 年再饮用。

独特风水缔造的活力

1847 年 10 月 17 日，路易 - 菲利普下令准许热夫雷镇在镇名的后面加上香贝坦的后缀，目的就是为了向这里世界知名的香贝坦葡萄酒致敬。

1847 年 10 月 17 日，路易 - 菲利普（Louis-Philippe）准许热夫雷镇（Gevrey）在镇名的后面加上香贝坦的后缀，目的就是为了向这里世界知名的香贝坦葡萄酒致敬。提到香贝坦葡萄酒，我们便不能不说到一个来自勃艮第的家族——特拉佩（Trapet）家族。1919 年 5 月，阿蒂尔 · 特拉佩（Arthur Trapet）决定买下自己的第一块葡萄种植园，“Champ-de-Bertin”（贝坦田）中的一块，位于穿过布罗雄（Brochon）的 122 号国道旁边。这片土地为石灰质，上面遍布着细小的石子与黏土颗粒。另外，此处树木繁茂，所以根本不用考虑强劲的西风对葡萄的侵袭与骚扰。香贝坦葡萄酒可以说是勃艮第地区酒品中的贵族，拿破仑的挚爱。在这种酒面前，新手会惊艳地把各种最高级的修饰词加在前面，而深谙此酒的老手只会小声地喃喃自语“香贝坦”而已，因为单是这简单的三个字便足以体现它的尊贵与出色。特拉父子酒庄（Domaine Trapet Père & Fils）利用自己庄园中独特的风土为这种酒锦上添花。著名史学家加斯东 · 鲁普内尔（Gaston Roupnel）曾在自己 1936 年的《勃艮第》（*La Bourgogne*）一文中这样写道：“这颜色深邃又纯净的酒会触发你的一切知觉！当我们细细地、充满深情地品尝它的时候，会有一种奇妙的感觉油然而生。圆润的酒体萦绕在口腔唇舌上，徐徐流入咽喉，那滋味仿佛缠绕在口腔中，久久挥之不去……”特拉佩父子酒庄出品的香贝坦红葡萄酒的一大特点就是它那深邃的红色，那幽深又剔透晶莹的感觉就仿佛美艳的石榴石一般。另外，其口感浓烈、致密、丰满，整体相当和谐，充分彰显了黑皮诺葡萄的所有特性。轻嗅一下，那迷人的芳香便令人难以忘怀。著名俄国酒商亚历克西斯 · 利希纳认为，任何我们惯常所用的形容词在这独特的芳香面前都会黯然失色，失去自己的意义。入口后，那灵动的液体显现出自己刚强有力的势头，待这一切发挥到极致后，接下来的是无穷无尽的如丝绒般细腻的润滑感觉。

紫色衣衫下的魔法

公元630年，勃艮第地区的阿尔玛盖尔(Almagaire)公爵赠送给了贝兹修道院（Abbaye de Bèze）的修士们一块位于热夫雷镇的土地。得到这块土地的修士们则开始开发这里，并种上了葡萄，还命名为贝兹葡萄园（Clos de Bèze）。不久后，临近葡萄园的一名姓贝坦（Bertin）的园主开始效仿贝兹葡萄园，在自己的园中种植同样的葡萄品种并用相同的方式酿酒。很快，他酿造的葡萄酒就跟贝兹葡萄园的葡萄酒一样出色了。园主也用自己的姓为葡萄园起了名字“Champ de Bertin”（贝坦田），这也是后来“Chambertin”（香贝坦）一名的由来。随着时间的流逝，香贝坦葡萄酒越来越出名，到了1847年，路易-菲利普下令准许热夫雷镇在镇名的后面加上香贝坦的后缀以表示对这一名酒的尊敬。到了20世纪末，夜丘一带涌现出两块特别的葡萄酒产区，其一是香贝坦葡萄酒产区，另一则是贝兹葡萄园香贝坦葡萄酒产区（Chambertin Clos de Bèze）。

事实上，阿尔芒·卢梭庄园（Domaine Armand Rousseau）的腾飞不过是19世纪末的事情。阿尔芒·卢梭（Armand Rousseau）出生于一个葡萄果农家庭，起初不过是继承了家里几块位于热夫雷-香贝坦镇的葡萄田。辛勤经营这几块土地的他几年后便结了婚，而后自己的葡萄庄园慢慢扩大，而他也成功地将自己酒庄中酿造的葡萄酒销往市场。利用收入，阿尔芒·卢梭再购进更新的葡萄，使自己酿造的酒品质更高。随着《法国葡萄酒》（*Vin de France*）杂志的问世，阿尔芒·卢梭靠着和这本杂志缔造者的关系把自己那些高品质的葡萄酒直接销往了世界各地的大饭店或私人客户手中。这一举措相当成功，阿尔芒的战略眼光着实令人敬佩。1959年，酒庄缔造者阿尔芒·卢梭在一次车祸中不幸去世，他的儿子继承父业，开始管理这占地6公顷的酒庄。酒庄并未因此没落，而是在他儿子的手中更加发扬光大。1961年、1989年及1992年，酒庄分批次购买了著名

贝兹葡萄园香贝坦红葡萄酒充分彰显了黑皮诺葡萄的细腻特性。它有着复杂的芳香，充实丰满的口感柔润密实。

30 年间，阿尔芒·卢梭庄园买入了好几块贝兹葡萄园内的良田。如今阿尔曼·卢梭庄园已经拥有大概 14 公顷的葡萄种植园了。

20 世纪 80 年代初，夏尔·卢梭（Charles Rousseau）在酒庄中又多加了两个酒窖，以提高酒庄中葡萄酒的存储量。这样一来，热夫雷-香贝坦镇那些美妙的葡萄都可以幻化成佳酿流传于世了。

的贝兹葡萄园中的几块土地。如今，阿尔芒·卢梭庄园共拥有约 14 公顷的葡萄种植园。庄园一直秉承着传统的耕种方式，这使得葡萄产量并不丰裕。悠缓的坡地上整齐地栽种着一株株的葡萄。果农们每天都会悉心地照料它们，待到葡萄收获的季节，进行手工甄选。压榨采撷下来的葡萄后以传统的发酵方式注入橡木桶中封存两年之久。酿成的酒在装瓶前必须通过严格的检查与测试，这是酒庄创立者阿尔芒·卢梭于 1929 年定下的规矩。阿尔芒·卢梭庄园的贝兹葡萄园香贝坦红葡萄酒带着黑皮诺的所有特性，相当绝妙，其酒体颜色深邃、丰满却又不失细润。打开瓶塞，一股混合的甜润气息扑鼻而来。那种气息仿佛带着厚实的质感飘入鼻腔，水果、香料以及花朵的气息每一种都那样致密丰腴，令人陶醉其中。如果您想品尝一支年轻的香贝坦红葡萄酒，那绝对是一个致命的错误，只有陈年的香贝坦红葡萄酒才能淋漓尽致地彰显它刚强的力度与丝绒般的细腻。这种口味醇厚质朴的葡萄酒搭配上味道浓郁的野味或红肉是相当好的选择。

迷人的风味与细腻口感

在乔治·鲁米耶庄园中，手工采摘成熟的葡萄是一项必须严格遵守的规定。

1892年，诸多葡萄酒工艺学家一致认为穆西尼葡萄酒产区出产的红葡萄酒是夜丘地区芳香最为馥郁、口感最为细腻鲜活的葡萄酒。和之前我们提到的热夫雷 - 香贝坦一样，1882年，尚博尔镇由于盛产著名的穆西尼红葡萄酒，也被授权可以在其镇名后边加上“Musigny”的后缀，如此也就有了如今的尚博尔 - 穆西尼。这种红酒酒体不论从颜色上还是口感上都相当充实，也相当平衡和谐，有着独特的魅力。著名瑞士记者米歇尔·多瓦曾这样说道：“有些葡萄酒的业余爱好者坚持认为穆西尼红葡萄酒就仿佛勃艮第红酒的浓缩精粹，它超越了伏旧园（Clos de Vougeot）中那口味醇厚的葡萄酒，可以与知名的香贝坦红葡萄酒和罗曼尼 - 康帝（Romanée-Conti）出产的红酒并驾齐驱。”的确，穆西尼红葡萄酒介于力与美的中间，在其间找到了一个绝妙的平衡点，它不单单有着一定的气势与力度，骨子里还透出天鹅绒般的温柔与细腻。出产穆西尼红葡萄酒的顶级葡萄园共有20几个，其中最为著名的就是我们要介绍的爱侣园（Les Amoureuses），此处酿造的葡萄酒果香浓郁，口味甘醇鲜活。爱侣园的面积不大，最有名的酒庄有3家，其中之一就是乔治·鲁米耶庄园（Domaine Georges Roumier）。该酒庄一直秉承传统的酿酒方法，利用尚博尔 - 穆西尼所特有的良好风水，缔造出了一支又一支纯然又高贵的红酒，其中爱侣园红葡萄酒更是被公认为最出色的红酒之一。正如同它的名字，这支酒带着女性特有的柔弱与质感，当然，还有那种对自己魅力的无限自信。著名百科全书编写者皮埃尔·拉鲁斯（Pierre Larousse）曾写过一段关于波尔多红酒与勃艮第红酒间的对比，这段话被著名诗人及小说家让 - 克劳德（Jean-Claude）写在了自己的著作《我们那些佳酿的道德与文化史》（*l' Histoire morale et culturelle de nos boissons*）中：“右边的是一瓶产自波尔多的陈酿，医神埃斯科拉庇俄斯与健康女神维纳斯的象征；左边的则是一瓶出自勃艮第的佳酿，它是女神维纳斯与爱情的同义词。这两瓶酒

为了纪念高雅又平衡的穆西尼红葡萄酒，盛产此酒的尚博尔镇允许在其镇名后面加上“Musigny”（穆西尼）的后缀。

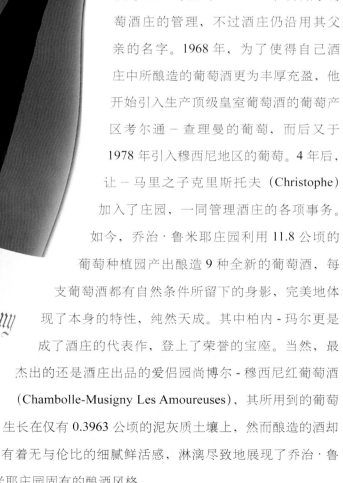

等压榨好的葡萄发酵后盛入大桶，14 或 16 个月过后装瓶。

就仿佛一位金发少女与一位周身散发着古铜色光芒的少女间的角逐。波尔多的那瓶酒就仿佛一位曼妙的金发女郎，风情万种，纯洁细腻；而勃艮第葡萄酒就仿佛有着古铜色肌肤的少女，她就好像深邃的夜空和热情似火的情人那样有着特别的魅力。”

1924 年，乔治 · 鲁米耶来到尚博尔 - 穆西尼定居，开始管理其妻子名下的家族葡萄园。当时葡萄园中所酿造的葡萄酒大部分都销往当地酒商那里，再由酒商装瓶贩卖。不过从 1945 年开始，乔治 · 鲁米耶开始在自己的酒庄中封瓶，如此一来，乔治 · 鲁米耶庄园的名气便开始蒸蒸日上。1953 年，他买下了位于莫雷 – 圣 – 但尼（Morey-Saint-Denis）的比西埃葡萄园（Clos de Bussière）。1961 年，乔治 · 鲁米耶的儿子让 – 马里（Jean-Marie）开始了葡萄酒庄的管理，不过酒庄仍沿用其父亲的名字。1968 年，为了使得自己酒庄中所酿造的葡萄酒更为丰厚充盈，他开始引入生产顶级皇室葡萄酒的葡萄产区考尔通 – 查理曼的葡萄，而后又于 1978 年引入穆西尼地区的葡萄。4 年后，让 – 马里之子克里斯托夫（Christophe）加入了庄园，一同管理酒庄的各项事务。如今，乔治 · 鲁米耶庄园利用 11.8 公顷的葡萄种植园产出酿造 9 种全新的葡萄酒，每支葡萄酒都有自然条件所留下的身影，完美地体现了本身的特性，纯然天成。其中柏内 - 玛尔更是成了酒庄的代表作，登上了荣誉的宝座。当然，最杰出的还是酒庄出品的爱侣园尚博尔 - 穆西尼红葡萄酒（Chambolle-Musigny Les Amoureuses），其所用到的葡萄生长在仅有 0.3963 公顷的泥灰质土壤上，然而酿造的酒却有着无与伦比的细腻鲜活感，淋漓尽致地展现了乔治 · 鲁米耶庄园固有的酿酒风格。

热情果实缔造的热烈之酒

罗讷河一带最为著名的葡萄酒产区当属教皇新堡。这里遍布小卵石的土地创造了独一无二的沙漠式风土，缔造出了一款又一款的绝世佳酿。

教皇新堡，顾名思义，正是历任的教皇将葡萄种植文化引入了此地，并加以发展推动。如是才造就了连阿尔封斯·都德（Alphonse Daudet）都为之动容的阿维尼翁红酒。他曾在自己所著的《磨坊信札》（*les Lettres de mon moulin*）中的《教皇的骡子》一文里这样写道："…… 卜尼法斯（Boniface）教皇坐在和煦的阳光下，骡子立在他身旁，红衣主教都俯身在葡萄树脚下。这时，他叫人打开一瓶他自酿的葡萄酒。那真是一瓶色味俱佳的纯正好酒，酒体呈剔透的红宝石色。从此，这种酒就被冠以'教皇新堡'的大名。他一边小口缓缓地品尝着，一边深情地望着他的葡萄园。"如今，教皇新堡法定产区相当大，共涵盖了5个市镇，不少类型的土地，其中那遍布卵石的土地造就了该地那口感细腻丰满、醇厚柔润的葡萄酒，其浓烈的回味让人一尝便知，并永远难以忘怀。然而，拉雅堡（Château Rayas）葡萄酒庄并不同于其他酒庄，其特点也正是该庄园的庄主雅克·雷诺（Jaques Reynaud，1997年去世）的特立独行所造就的。传统上，法例规定在教皇新堡，红葡萄酒必须用多种葡萄调配，最少9种，最多13种；歌海娜葡萄可以为酒品增加甜润与酒精度；古诺瓦姿葡萄、匹格普勒葡萄和神索葡萄可以增加芳香度与清新感；西拉葡萄和慕合怀特葡萄可以构造出葡萄酒的框架，为其带来灵动的颜色与扎实的口感；克莱雷特葡萄与布尔布兰葡萄则可以为葡萄酒增添几丝细腻和热度，等等。和教皇新堡产区其他酒庄不同，拉雅堡在酿造葡萄酒的时候并不混合13种不同葡萄品种加以发酵，而是只采用种植在面向北方的细土上的、产量有限的歌海娜葡萄酿酒。这样酿造出的葡萄酒口味十分集中，细腻度也是无与伦比的，酒体那深沉的紫色透着完美的丰盈与细密。品一口，那浓烈的口感徜徉在口腔间；轻嗅一下，一股介乎红色浆果与美味樱桃间的芳香喷薄而出、沁人心脾，带给人们高雅的质感享受。

卓绝的芳香与细腻入丝绒般的口感

“这酒如此神妙与圣洁，它缥缈得与你若即若离，远离一切谎言与虚假……噢，酒杯中这荡漾的神秘，就仿佛一只耳朵倾听你。”——弗朗索瓦·拉伯雷《巨人传》

希农希农，一日三遍，小小城镇，名声显赫，

古老巨石，盘踞脚下，绿树叠翠，河流环绕。

文艺复兴时期著名的作家弗朗索瓦·拉伯雷如是描写他自己的故乡。这座位于卢瓦尔河谷中心的魅力小城，就如同法国的后花园，风景绝美。此地酿造的红酒色泽红艳柔润，不光是视觉的豪华享受，也能愉悦精神，是带给人们味觉享受的不二佳酿。

自古以来，法国的历任皇帝都对图赖讷地区青睐有加，而此地的葡萄种植园也因此广负盛名。迪奥特里葡萄园（Clos de la Dioterie）从属于夏尔·卓格（Charles Joguet）名下，位于富有传奇色彩的萨奇利镇（Sazilly）。这座葡萄种植园主要出产希农红葡萄酒，法国皇帝路易十一曾御封希农红葡萄酒为“最佳酒品”。希农红葡萄酒最主要的特点就是香味馥郁，酒体颜色浓重，又如丝绒般密实细腻。细细闻闻，柔润的芳香中一股覆盆子果香袅袅升起。当然，这一切也都无法遮掩住当地特殊风土赋予这支酒的独特个性，草香、泥土清香以及美味的松露香喷薄而出，沁人心脾。著名酒评家罗伯特·派克认为该酒庄出品的葡萄酒是“无可匹敌的最佳酒品”。正是如此，这里出产的葡萄酒有着其他地区没有的特点。迪奥特里葡萄园仿佛拥有特殊的能力可以最大限度地汲取所有的纯净与芳香，并将其融入葡萄酒中，那水果的特殊灵动与清新加上酒体闪烁的剔透颜色，可谓浑然天成。酿酒用的品丽珠葡萄原产于吉伦特省（Gironde），后被黎塞留移种到卢瓦尔河沿岸，用于圣－尼古拉－德－布尔盖（Saint-Nicolas-de-Bourgueil）地区的葡萄酒酿造。著名诗人于勒·罗曼（Jules Romains）对希农葡萄酒便有如下评论：“它不像波尔多红酒那样担负着过多的单宁气息，也不像勃艮第红酒那样带着甜美的诱惑，仿佛让人喝一口便会中毒。这是一支献给智者的酒。”美味又细腻柔润，所有知晓希农红酒的人都会这样夸赞它。

希农位于法国图尔的西南，这座美丽小城中相当著名的就是俯瞰着维也纳河的古老城堡，当然还有那些名声远扬的葡萄种植园。

优雅与尊贵

莫雷－圣－但尼地区出产的葡萄酒有着纯然天成的高贵气质，浓重的口感独一无二。彭索酒庄酿造的德·拉·罗什葡萄园红葡萄酒就是其中杰出的代表之一。该酒无论是在刚酿造成时饮用还是陈放多年后饮用都相当完美。

夜丘位于勃艮第众多葡萄种植园的中心地带，共涵盖了12多个市镇，其风土相当独特稀有：狭长的小丘面向正东，丘上遍布绿树，可以为生长在这里的娇贵葡萄抵御带着湿气的风。莫雷－圣－但尼的葡萄酒是夜丘地区众多葡萄酒中口感最为厚实的。这里共出产4支较为著名的法定酒：德·拉·罗什葡萄园红酒（Clos de la Roche）、达尔葡萄园红酒（Clos de Tart）、圣－但尼葡萄园红酒（Clos Saint-Denis）和兰布雷葡萄园红酒（Clos des Lambrays）。事实上，莫雷－圣－但尼一带产的葡萄酒虽然比不上位于北部的热夫雷－香贝坦的红葡萄酒那样有名，也及不上尚博尔－穆西尼出产的红葡萄酒那样口感尊贵细致，但是其固有的特点和浓郁的口感也博得了不少人的青睐。

德·拉·罗什葡萄园可以说是莫雷地区最大的葡萄酒产区。大约17个世纪以前，这里便开始种植葡萄了。此地的土壤含有厚厚的泥灰质土层，十分适合葡萄生长。此处出产的葡萄酒的尊贵之处就在于，酒标上根本无须加上镇名，只要简单地以葡萄园名称命名即可。该葡萄园面积约为16公顷，位于一座小丘的顶端，周围还散落着其他几间葡萄种植园。彭索酒庄（Domaine Ponsot）在酿造德·拉·罗什葡萄园红葡萄酒时一直秉承着小产量的原则，只有当葡萄生长到最为成熟的时候才采摘。这时的葡萄所有的精华都发展到了极致，颜色也最为浓艳，只有用这样的葡萄酿出的酒才可以淋漓尽致地表现出德·拉·罗什葡萄园红葡萄酒的独特个性，散发出其浓郁的果香，缔造出其醇厚细密的口感与无上的优雅气质。彭索酒庄以珍视传统工艺而著称，家族在酿酒的时候从来不会使用新制木桶，其酿造出的葡萄酒，特别是德·拉·罗什葡萄园红葡萄酒，即使在刚酿成时饮用都口感丰满醇厚，久存之后，其风味更是有增无减。

莫雷－圣－但尼地区拥有4大著名葡萄酒，每支均以出产它的葡萄种植园命名。

耐心塑造的醇厚口感

高尔纳斯（Cornas）葡萄产区位于罗讷河北岸，正对着瓦朗斯（Valence）。整片产区位于天然形成的斜坡上，终年享有炽烈的阳光，并可以避开河谷处吹来的寒冷北风。该产区的历史可以追溯到查理曼大帝时期，此后历代法国皇帝在宫廷中都十分珍爱这里出产的葡萄酒。不过如今高尔纳斯葡萄酒的产量却大大不及从前了。1763年，高尔纳斯的本堂神甫曾毫不谦逊地评道：“位于这座小村庄里的小山上遍布着葡萄。用这些绝美的葡萄，人们酿造出了一种色泽暗黑的葡萄佳酿。不少商人都费尽心思寻觅这种酒，而其价格也相当不菲。”如今，高尔纳斯葡萄酒的酒裙颜色与之前一样，也是一种近乎黑色的颜色，其实那是一种很深很深的石榴石颜色，其醇厚的口感与这深邃的颜色一样，相当出色。通常，我们会以“阳刚”这个词来形容这种颜色深厚，口感甘醇浓烈的酒。奥古斯都·克拉普酒庄（Domaine Auguste Clape）在酿造高尔纳斯葡萄酒的时候严格遵循古法（葡萄的水分不要太多，并且一定要存放在陈桶中）。一支正宗的高尔纳斯葡萄酒有着自己独特的个性，而这种特性必须经过十几日的发酵过程才能得以彰显。著名酒评家米歇尔·多瓦曾在自己所著的《法国名酒》中这样写道：“如果把这段发酵时间减半，我们就会得到一种半成酒。这种酒没有一点醇厚感，也没有单宁味道，颜色也不深。一些新高尔纳斯的拥护者认为这种酒需要开瓶便喝，因为这样才能彰显出其细腻与绝妙的芳香……其实，如果我们有足够的耐心，真的就不要去品尝这半成酒。因为一支真正的高尔纳斯葡萄酒一定要经过一定时间才能变得圆润，才能把自己的醇厚口感淋漓尽致地表现出来。一般来说，其狂野的芳香搭配上红肉或奶酪是相当好的选择。”

路易十四时期，高尔纳斯红葡萄酒便被称作“纯美的黑色葡萄酒”。这种酒时刻彰显男子特有的力度，其醇厚灵动的口感堪称一绝。

发挥到巅峰的美妙

米歇尔·高努庄园餐厅中一切陈设都古色古香，充斥着勃艮第地区特有的风格。

考尔通红葡萄酒带着一种特有的动物气息，于是便被加上了“勒纳德”这个外号。

博讷镇北部有这样一片所在，它位于拉杜瓦(Ladoix)、阿洛克斯 - 考尔通以及佩尔南 - 韦尔热莱斯这三座小村庄之间，地势稍稍隆起，形成小小的丘陵地带，丘陵上遍布着绿树，当地的人们都以“山”来称呼这片并不高的高地。这里就是在我们耳熟能详的博讷丘。著名的葡萄酒产区——考尔通红葡萄酒产区位于博讷丘南坡及东坡，种植着品质相当好的黑皮诺葡萄。伏尔泰相当钟爱此处的红葡萄酒，并到了没有节制的程度。他认为，这样的好酒只有独享才好，拿给宾客品尝他可舍不得。如今，考尔通地区出产的葡萄酒仍然品质上乘，馥郁芳香，口味劲道且力度刚强，却不会上头。著名酒评家米歇尔·多瓦认为这种酒有着纯然的古典风格，他当时用了这样几个形容词来描述这种酒：“率直、纯粹、真实、纯净且清澄”。米歇尔·高努(Michel Gaunoux)从他父亲手中不光继承了座位于波玛(Pommard)、博讷和考尔通的葡萄酒庄，还继承了良好的酿酒技艺。园中出产的葡萄酒不光力道醇厚，而且口感细腻柔润。米歇尔·高努一直在用自己的心血来孜孜不倦地酿酒，那是一种对葡萄酒的热爱与激情。如今，米歇尔·高努已不在人世，但是他所缔造的考尔通·勒纳德(Corton Renardes)红葡萄酒却流传永世。考尔通·勒纳德红葡萄酒充斥着灵动的气息，完美的细腻感，芳香扑鼻，那种芳香与口感相当直爽率真，毫不遮遮掩掩。如果您想品尝各方面都达到巅峰的考尔通·勒纳德红葡萄酒，那么最好等上至少 12 年的时间。如果您有足够的耐心，那么仍然可以再等，因为陈放的时间越长，这款酒就越美味，酒中的单宁气息会柔和地与各种芳香混合在一起，酒裙也会变为深深的暗红，这样的考尔通·勒纳德红葡萄酒才算真正达到了它的巅峰状态。一般来说，考尔通产区的红酒都带着某种动物芳香，所以人们在“Corton”后面加上了“勒纳德”(renardes，法文中是雌狐的意思)。同时，这种酒还会散发出一种雪茄与灌木混合在一起的好闻味道。通常，用它搭配厚味的野味、蘑菇烧野鸡或烤野兔都是相当好的选择。

著名的拉·图尔克葡萄园相当容易辨认，一条条狭长的葡萄种植地如台阶一样层层而上，外面由石头搭砌的矮墙包围着。它就这样静静地沉睡在罗第丘东南，俯瞰着罗讷河从脚下缓缓流过。

与众不同的华丽

拉·图尔克葡萄酒彰显了罗第丘红酒所具备的特性之一：那就是饱满奢华的口感、馥郁的单宁味道。

如果您学过法语，看到罗第丘（Côte-Rôtie）这个名字便一定知晓此地的气候与地理状况①。罗第丘，那一条条被分割成狭长地带的土地上布满了卵石，面向东南，望着安布伊镇（Ampuis）与缓缓流过的维也纳河。那阳光下的干燥景色仿佛在接受苍天的炙烤。这里的山坡上，一株株葡萄茁壮地生长着，酿造出的红酒颜色深厚，相当考究。埃蒂安·吉佳乐(Étienne Guigal)起初只拥有60多株葡萄，经过不懈努力，于1946年成立了如今的种植园。1961年，他的儿子马塞尔（Marcel）接管了酒庄，酒庄也由此声名大振，原因主要是他秉承着父辈流传下来的酿酒原则：严格控制产量，葡萄一定等到自然成熟才采摘，发酵葡萄酒时尽量减少人为干预。罗第丘是罗讷河北区地带的代表，通常分为金色丘（Côte Blonde）和棕色丘（Côte Brune），埃蒂安·吉佳乐在这两地都有葡萄种植园。此地一位老葡萄种植园主莫吉隆（Maugiron）把这两块地比喻成自己的两个女儿，一位金发碧眼，另一位则有着棕发和古铜色的肌肤。吉佳乐名下有3块相当知名的葡萄种植园：拉·穆林（La Mouline）、拉·兰东（La Landonne）以及拉·图尔克（La Turque），每块葡萄种植园都展现了罗第丘与众不同的个性。用位于金色丘的拉·穆林所产的葡萄酿造出的葡萄酒带着十足的女人气息，柔润、高雅，整体口感如同细腻的天鹅绒一样；用拉·兰东所产葡萄酿造的酒则更加丰满，带着男子的阳刚气质；而拉·图尔克的葡萄酒则相当地华贵，其单宁风味和坚实的酒体都彰显出了棕色丘所产葡萄酒的特性。著名酒评家罗伯特·派克正是马塞尔·吉佳乐的忠实拥护者。他曾这样评价1995年酿造的拉·图尔克红葡萄酒："吉佳乐家族的所有酒中，拉·图尔克可能要称得上是最为奇妙的一支了。它柔润细腻、丰满婀娜，它是最丰盈的葡萄酒，充满了异国风情。轻嗅一下，覆盆子与黑加仑的酸甜气息沁入鼻腔，挥之不散。入口后，那迷人的口感充斥了口腔，相当圆润，也相当集中丰腴。"

① "Rôtie"（去掉e的为阳性）一词在法文中的意思是"烤"。——译者注

无与伦比的完美

沃斯讷-罗曼尼小丘的脚下，有着一片片郁郁葱葱的葡萄园。亨利·贾伊尔，这位缔造了无数名酒的老人每时每刻都臣服于他心目中神秘的葡萄脚下。

弗拉吉·依瑟索镇（Flagey-Échézeaux）位于伏旧（Vougeot）与沃斯讷-罗曼尼（Vosne-Romanée）两镇之间，出产两种名酒，依瑟索红酒（Échézeaux）与大依瑟索红酒（Grand Échézeaux）。这两种酒中，依瑟索红酒的名气略小一些。但它有着完美的圆润感，既有伏旧红酒的厚重与鲜活的口感，又有沃斯讷-罗曼尼红酒特有的高贵气质。然而，这支酒之所以能带给人们如此灵动美妙的享受，全要仰仗一位杰出人物的辛勤劳作与奉献。

这个人就是值得所有人尊敬的葡萄种植之父——亨利·贾伊尔，然而他自己却戏谑地称呼自己为“半隐退的葡萄果农”。他所酿造的勃艮第红酒堪称口感与芳香都最丰满、最生动、最馥郁，仿佛灵动鲜活的传奇。有一次，亨利·贾伊尔在接受著名美食杂志《高尔－米卢》（*Gault-Millau*）的采访时被问到如今的葡萄酒与过去的葡萄酒相比，是一样好还是略逊一筹。他考虑良久后告诉记者，如今的葡萄酒与过去的葡萄酒事实上是不同的，因为如今有了许多先进的技术。但是，“不要忘记，决定酒品质量及持久性的最重要因素就是原材料，也就是我们所种植的葡萄……我们要做的就是充分发挥葡萄自由的品性，尽量减少人为干预。”可以说，亨利·贾伊尔用自己的一生创造了无数传奇的名酒，其中依瑟索红酒数量寥若晨星。在他的葡萄种植园中，没有化肥，没有化学除草剂，葡萄的产量也严格控制。特别是采摘葡萄及酿造时，每一个细节他都相当重视，时刻把彰显果实与风水本色放在首位。亨利·贾伊尔所酿造的每一支葡萄酒仿佛都会说话，娓娓道来各自的故事，无可比拟地完美彰显着勃艮第葡萄酒的不二特性。

艾尔米塔热地区的葡萄种植园全部位于这种覆盖着花岗岩粗砂的缓坡上，人工耕种起来相当不易。

浓郁的感官享受

1856年，在巴黎农产品大赛上，艾尔米塔热红酒(Hermitage rouge)、伏旧园葡萄酒以及拉菲葡萄酒被评为并列第一。艾尔米塔热红酒带有浓郁单宁气息的酒体厚重且力道强劲，酒裙颜色深邃就如同剔透的石榴石。曾经，路易十三就将其奉为宫廷御酒。

著名法国文豪大仲马除了相当青睐这里所产的葡萄酒外，对当地的葡萄园风光也是相当喜爱。那一层层拾级而上的田地遍布着花岗岩粗砂，远远望去蔚为壮观。传闻艾尔米塔热红酒的来源与一位名叫加斯帕尔·德·斯泰林伯格(Gaspard de Sterimberg）的骑士有关。他参加了征讨阿尔比教派的十字军东征后，来到此地遁世，并在住所旁开垦了一片葡萄园。酿造艾尔米塔热红葡萄酒的葡萄只有一种——西拉葡萄。采摘葡萄的时候一定不能将果皮划破，压榨出的葡萄汁混同葡萄果肉要经过15天左右的发酵后陈化两年。这样酿出的葡萄酒芳香浓郁，带着厚实的质感，入口醇厚，浑厚的香料气息时刻挑逗着味蕾。细细回味，一丝香脂气味油然而生，给人一种绵长的美妙回味。这种美妙的口感在窖藏8年、10年甚至20年后会变得更为和谐细腻。萨夫（Chave）家族的葡萄酒事业可以追溯到1481年。酒庄手手相传，到了吉拉尔·萨夫（Gérard Chave，现任酒庄庄主的父亲）这一代，其酿酒工艺及酒品品质都达到了较高的水平。

在法国著名酒评二人组贝塔纳和戴索夫（Bettane et Desseauve）所写的《葡萄酒与葡萄酒庄》（*Vins et domaines*）中曾这样描述道："该庄园中的土地相当具有代表性，不论是心土还是表层覆盖的花岗岩粗砂都不尽相同。不同的风土创造出不同的葡萄酒。然而酒庄主却有本事将其融汇在一起，缔造出一支品质卓绝的酒。而这种融会贯通的艺术正是萨夫家族的艾尔米塔热红葡萄酒所特有的。随着时间的推移，它那不尽的复杂感越发凝重地变化为一种和谐。"

正是这种名为西拉的葡萄赋予了艾尔米塔热红酒强劲又和谐的口感，当然还有那种复杂得难以名状的味道。

堪与帕图斯媲美的佳酿

透亮的红色、结实的酒体、充满质感又浓郁丰满的口感，这就是马蒂兰（Madiran）红葡萄酒。它一直是搭配法国什锦砂锅以及传统美食焖肉冻的不二选择，这样的搭配虽然朴实无华，却能给人以一种惊艳的感觉。马蒂兰镇（Madiran）坐落于阿杜尔河谷中，位于加斯科尼区（Gascogne），离比利牛斯山和热尔省（Gers）都不远。这些年来，阿兰·布吕蒙（Alain Brumont）一直在不断努力，所酿造的葡萄酒也在稳步前进，成为世界知名酒品。其利用丹拿特葡萄酿造的马蒂兰红葡萄酒完美地彰显了这种葡萄的独特个性，也使他成了当地才华横溢的解放者。为什么这么说呢？因为当时在这里葡萄酒酿造业不过是一项副业，而玉米的种植才是重头戏。随着品丽珠葡萄的种植，人们才慢慢地开始扩大葡萄培育。阿兰·布吕蒙拥有两个葡萄种植园，蒙图堡（Château Montus）和布斯加塞堡（Château Bouscassé）。庄园中种植的丹拿特葡萄完全可以供给酒庄酿酒之需。这种葡萄的单宁含量异常高，用它酿出的葡萄酒色泽鲜艳，起初稍显浮躁与炽烈。随着时间的推移，这种单宁芳香便会幻化得更加柔和细腻。蒙图堡 20 世纪 80 年代出品的葡萄酒相当出色，阿兰·布吕蒙用其辛勤的汗水换来了酒庄至高无上的荣誉。蒙图堡的第一批至尊（Prestige）葡萄酒酿造于 1985 年，向人们充分展示了葡萄园主那蓬勃的雄心以及酒庄中那完美的现代化酿酒工艺。蒙图堡庄园的每个葡萄酒发酵缸中均有一个电动葡萄压榨搅拌器，用以在葡萄浸渍的时候将葡萄皮及葡萄渣压到发酵缸底，这样就可以缓和地提取足够的色素及单宁酸。蒙图堡的马蒂兰红葡萄酒开瓶后会喷发出一种黑色浆果好闻的气息，入口后则是美味的香草与可可芳香，让人觉得温馨舒畅。这酒散发着丰满甜润的果香，口感厚实立体，相当集中，又不乏柔润与平衡。

蒙图堡酒庄在卡斯泰尔诺·里维埃·巴斯（Castelnau-Rivière-Basse）地区是数一数二的名庄。

颜色透亮，口味浓厚的马蒂兰红葡萄酒利用富于单宁芳香的葡萄酿造，其出色程度堪比波尔多名酒。

黑色果实带来的欢欣

图中是奔富庄园格兰日·艾尔米塔热葡萄酒的缔造者马克思·舒伯特。在创造这支佳酿的时候，他首先想到的就是赋予这支酒独一无二的澳大利亚个性，可以说，格兰日·艾尔米塔热葡萄酒充分再现了当地的绝妙风土。

1788 年，亚瑟·菲利普（Arthur Philip）船长来到悉尼，随船而来的还有第一批英国殖民者。船长在这里栽种了一片葡萄，这片葡萄地的地理坐标就位于如今该城内的植物园。除了种植葡萄，他还迫不及待地断言新南威尔士所出产的葡萄酒总有一天会来到欧洲大陆。

此后的 200 年间，澳大利亚的葡萄栽培业相当活跃。在众多先锋们不懈的努力以及出众的创新精神影响下，这里出产的葡萄酒越来越出类拔萃。1931 年，酿酒师马克思·舒伯特（Max Shubert）进入奔富庄园（Domaine Penfold）工作，当时奔富庄园已经相当出名了，每年都会出品大批品质中等的红葡萄酒。然而此后该酒庄所创造的奇迹便全要仰仗其幕后的功臣马克思·舒伯特了。

1950 年，马克思·舒伯特首次利用了澳大利亚广泛种植的西拉葡萄。这种酒试验酿造的阶段都是秘密进行的（因为奔富庄园的领导层并不看好它）。最终，经过长时间的不懈揣摩与实践，马克思·舒伯特终于完成了这支格兰日·艾尔米塔热葡萄酒（Grange Hermitage）。“格兰日”（grange）在法文中是谷仓的意思，用来纪念奔富庄园庄主所拥有的农场，而“艾尔米塔热”（hermitage）则是为了向法国相当著名的一种同名美酒致敬，也表达了以这种酒为榜样的热情。通常，我们还会简单地把这种酒称为“农庄酒”（Grange）。可以说，格兰日·艾尔米塔热葡萄酒有着独一无二的特性，其结实的酒体一下子就能锁住你的味蕾，那种感觉就好像你吃惊地发现一个身材高大的巨人两脚扎实地扎根在你面前的土地上，那宏伟的身躯彰显一种恍若天人的高贵气质。轻嗅一下，这酒散发出浓郁的黑色果实气息，其间还夹杂着些许烟熏的好闻味道。入口以后，那灵动鲜活的液体充满诗意地在口腔中弥散开来，留下轻柔舒缓的薄荷与香料余香，让人们沉浸在丝丝喜悦的震撼中。

玛歌堡那古典的建筑布局彰显出其动人的高贵气质，甚至在葡萄酒瓶瓶塞上我们都能由衷地体会到这种气质对我们的震撼。

当魔法重生以后……

玛歌堡（Château Margaux）是波尔多地区用镇名为自己酒庄命名的葡萄酒庄园之一。其实，玛歌堡除了盛产品质上乘的葡萄酒以外，其建筑上的成就也堪称另一项值得欣赏的地方。19世纪初期，家境殷实的德·拉·科拉尼拉侯爵（Marquis de La Colonilla）不惜重金买下了玛歌堡，而后便找到了波尔多地区最著名的新古典主义建筑师路易·康布（Louis Combes）把这座僻静的住所修建成了波尔多地区最耀眼的建筑。酒庄的修葺工程于1810年至1816年间进行，不多时，庄园里那富丽堂皇的居所便呈现在人们眼前。步入玛歌堡时，首先映入眼帘的就是两旁林立着高大梧桐树的甬道。那长长的甬道一直通往主人巨大宏伟的居所，而周围的环境则如同一片优美宜人的大花园。城堡，这座建筑真的无愧于这个称号。罗伯特·库斯泰（Robert Coustet）曾在自己的著作《波尔多，红酒的精神》（*De l' esprit des vins, Bordeaux*）一书中这样说道："玛歌堡是一座波尔多式的'城堡'，因为罗伯特·库斯泰在建造它的时候不光注重了恢宏的气势，也融入了田园建筑那恬静的气质。"一方面，整个建筑周围的环境充满了乡土气息，"另一方面，这规整的长方形院子将酒庄的整个葡萄酒酿造机构都囊括其中，包括那气势恢宏的存放桶装酒的酒库。那雄伟的建筑仿佛名副其实的神庙，内部一排18棵高高的多立克立柱使它在恬静的气氛中尽显霸气与宏伟。"

18世纪50年代，一位名为贝尔隆（Berlon）的酿酒师为酒庄带去了众多革新技术。于是，在此后的3个世纪中，玛歌堡所产的优质葡萄酒使其一直在梅多克南部地区的酒庄中独领风骚。

马克思主义的创始人之一恩格斯曾有一次被问到关于幸福的定义，他当时毫不犹豫地答道："一瓶1848年的玛歌堡葡萄酒足矣。"著名英国酒评家克莱夫·科茨（Clive Coates）曾如是评价玛歌堡的葡萄酒："此酒堪称梅多

1983年是玛歌堡葡萄收获的丰年，这一年所产的葡萄酒当之无愧为该酒庄乃至整个波尔多地区近十年来葡萄酒中的翘楚。

盛放葡萄酒的大桶往往会在葡萄酒身上留下其独特的标记，就仿佛那特色鲜明的装饰一般。

城堡建筑主体的内部与外部一样，经过那宏伟的列柱廊一直到大厅里，一种恢宏的古典气质和宁静会把你完全擒住。

克地区三大名酒中最为高贵并富有诗意的一支”。著名俄国酒商亚历克西斯·利希纳则认为：“这支酒是最高贵、最富有女性气息的一款酒。”他还认为，玛歌这个名字就是细腻与温柔的代名词。酒评家罗伯特·派克对1900年份生产的玛歌堡葡萄酒也是赞赏有加：“它是众多葡萄酒中最为绝妙的一支。在它身上，力度、丰腴、细腻与高雅全部融为一体。”时过境迁，多少年来玛歌堡几经易主，其中有出身贵族的银行家，也有富有的资本家。虽然他们在拥有了玛歌堡后都赋予了酒庄一段重要的发展经历，但是酒庄此后的命运却是险些败落。1930年至1977年间，吉内斯泰（Ginestet）家族接手酒庄，带来了一系列创新。他们合并了庄园中的葡萄种植地，恢复了在酒庄中进行葡萄酒装瓶的工序，更重要的是优化了酿酒技术。最后，玛歌堡被安德烈·曼泽洛普洛斯（André Mentzelopoulos）买下（如今酒庄事务由其女儿科琳接管），才恢复了往日的光辉。从葡萄种植一直到把酿制好的葡萄酒装瓶，酒庄对每一道工序都严格要求，就是要把玛歌堡葡萄酒打造成世界高品质葡萄酒中的标榜。知名法国作家兼记者让-保罗·考夫曼（Jean-Paul Kauffmann）在自己所写的《重识波尔多》（*le Bordeaux retrouvé*）一书中这样写道：“沉浸在玛歌堡葡萄酒中的感觉就像到了天堂。只要一口，你便会不假思索地对其赞扬有加。酒庄为此做出了不懈的努力，尽可能地尝试一切方法来塑造这支值得敬仰的葡萄酒，来再现这支酒所有的精神面貌。另外，那杰出的建筑也值得一提。据说建筑师曾对比了15种不同的色调，就是为了给建筑主体搭配好最合适的百叶窗……今晨的早餐，我们有幸品尝到了1953年产的玛歌堡葡萄酒：那简直就是带着魔力的佳酿。葡萄酒，绝对是这世界上最为稀罕的事物之一。在它那里，时间都变得仿佛可以逆转一般。”

玛歌村中的教堂之前只是一座名为拉·蒙·德·玛歌（La Mothe de Margaux）的城堡中的小礼拜堂。200多年前，一位名为贝尔隆的酿酒师赋予了这里不尽的辉煌。左边这瓶玛歌堡葡萄酒正是在1784年酿造的。

充实的丰腴气息

3024个装满红酒的大肚瓶。这里就是玛斯·阿米埃尔酒庄中存放玻璃酒坛的地方，这个存放地点完全在户外。莫里红酒会在这里度过1年的时间。

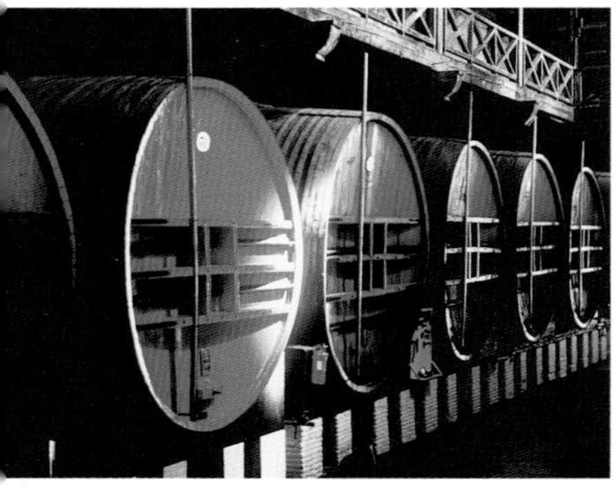

莫里香蜜葡萄酒会在玛斯·阿米埃尔酒庄酒窖中一排排的橡木桶中存放4到15年。

1816年，一位名叫雷蒙德·埃蒂安·阿米埃尔（Raymond Étienne Amiel）的人从佩皮尼昂主教手中赌赢了一座葡萄酒庄，这便是后来玛斯·阿米埃尔酒庄（Domaine Mas Amiel）的雏形。20世纪初，一位名叫古奇（Gouzy）的葡萄酒商与雷蒙德·埃蒂安·阿米埃尔的儿子联手缔造了玛斯·阿米埃尔酒庄，后来酒庄被银行家夏尔·迪皮伊（Charles Dupuy）囊括在一个图卢兹（Toulouse）的商业公司中。

拥有酒庄的夏尔·迪皮伊很快便被这里美丽的风土所吸引了，于是一直到其生命终止都在这片土地上辛勤地耕耘。如今，掌管玛斯·阿米埃尔酒庄的已经是他的孙子了。酒庄拥有155公顷的葡萄种植园，其中90%的葡萄为黑歌海娜葡萄，这种葡萄酿出的酒口味及芳香都相当集中，颜色也很深邃，并且口感不会太酸涩，还带着浓郁的果香。在莫里（Maury），每年太阳平均会有260天照射在被地中海沿岸西北风所呵护的小丘土地上。舒展在温热的阳光下，葡萄的糖分相当高。用这种葡萄酿造出的葡萄酒口感相当甜润温柔。并且在酿造过程中人们会加入酒精，抑制葡萄汁发酵。此后放入酒窖中存上8个月，8个月过后，葡萄酒还会被注入玻璃制造的大肚瓶中存放1年，最后才注入橡木桶陈化4到15年。随着时间的推移，陈年的莫里香蜜葡萄酒会有着一种泛着古铜色光芒的美丽酒裙。嗅一下，一股浓郁的果香扑面而来，随后则是咖啡美妙的气息与果仁清新的风味。入口后，口感相当充盈丰满，一种摩卡咖啡的味道在口腔中油然而生，而后还带着点儿甘草的回甘。如果您想早一些品尝玛斯·阿米埃尔酒庄的莫里香蜜葡萄酒，那么也是不错的选择，因为它有很好的开胃效果。一般来说，用它搭配陈皮兔肉、羊乳干酪、巧克力蛋糕都是相当不错的选择。如果是15年的陈酿，那么，这支酒便会出落得相当深邃、细密，激荡着幽幽的果香，酒体丰厚，芳香馥郁，您可以在餐后喝，或者不搭配任何食物品尝，抑或在品尝的时候点上一支香烟，都是不可多得的神级享受。

充沛的馥郁芳香

芒贡葡萄产区位于维利耶-芒贡村，介于希露伯勒与布鲁伊之间，具体位于希露伯勒以北，布鲁伊以南，称得上是博若莱地区佳酿生产的核心地带。

法国博若莱（Beaujolais）地区10大葡萄酒产地绵延20几公里。虽然如此，芒贡（Morgon）葡萄酒产区仍有鲜明的特色。这里出产的葡萄酒以酒体结实著称，随着窖藏时间的推移，其口感与芬芳都会愈来愈浓郁。芒贡葡萄酒产区是博若莱地区第二大产区，仅次于布鲁伊（Brouilly）子产区，其1000公顷的土地完全位于维利耶-芒贡村（Villié-Morgon），介于希露伯勒（Chiroubles）与布鲁伊之间。这片土地的风土打造出的酒与众不同，坚实的酒体、复杂的风味以及充盈的口感都令人为之动容，那带有异国情调的果香喷发出樱桃、杏子还有桃子的气息，入口后稍微有点德国樱桃酒的感觉。当地众多酒庄中，马塞尔·拉皮埃尔（Marcel Lapierre）掌管的庄园酿造的葡萄酒堪称最佳，其丰满的口感入口后便幻化成丝绒般的感觉。他家的葡萄种植园相当独特，土地上布满了富含氧化铁的风化片岩，其他当地的葡萄果农都把这里的土地称为“腐朽之地”，其特点像极了皮丘（Colline de Py）。不过，也正是这独特的自然条件，造就了这里独一无二的

葡萄酒。而自从有了这样一种传奇的葡萄酒，世界上也多了一个由此而来的新词“morgonner”，意思就是带有芒贡葡萄酒的特点，如这种红酒一样有着完美的酒体结构并散发出充实的芳香。

芒贡葡萄酒的雏形为（法国南勃艮第地区出产的）加美葡萄酒。这种热情似火的酒在博若莱更加充分地彰显了这里独特的风土。在灌装到酒瓶前，芒贡葡萄酒往往要在木桶中放上几个月。如果想要欣赏到其深沉细密如紫色丝绒般的颜色、品尝到那完全没有涩口感的酒液，那么最好等上1年之久。如果您有足够的耐心就等上3到4年，那时候芒贡葡萄酒的口感与芳香都是最好的，而这点也与其他普通博若莱产葡萄酒不同。

纯然的美妙之音

勒罗伊酒庄一直秉承着生物动力法来种植葡萄，在这里没有化学农药与肥料，所有肥料均取自天然，而葡萄种植时还会考虑到天象星座的影响。

一条布满夯实泥土的小路，边上的田地中满是石子，而土壤中则饱含着石灰质，这里便是著名的穆西尼葡萄酒产区，往南，比穆西尼葡萄酒产区海拔低10几米的地方则是知名的伏旧园城堡（Château du Clos de Vougeot）。这片土地之所以被称为“穆西尼”（Musigny），据说是因为在罗马时期，此地居住的一位名为“穆西努斯”（Musinus）的人。不过，关于穆西尼真正的起源还要追溯到14世纪，这里的土地被不少葡萄果农所觊觎，于是被分割成了多个小块。而就在上世纪，穆西尼就已然成为夜丘地区最佳的葡萄酒产地，其出产的葡萄酒堪为此处口感最细腻灵动、芳香最馥郁的一支。来自勃艮第地区的政客兼记者让-弗朗索瓦·巴赞（Jean-François Bazin）就曾写过：“穆西尼就是红酒的代名词，而蒙哈榭则是白葡萄酒的代名词，两者有如天籁一般和谐。”而后，他还援引了众多关于穆西尼红酒的高度赞扬文段：“充满活力的酒体散发着黑加仑、野玫瑰与覆盆子好闻诱人的芳香，”（C. 罗蒂耶）“不论从颜色，还是香气或口感上来看，这支酒都彰显了无尽的率真感，”（C. 莫里）入口后绵长回味“在口中久久不绝，就仿佛那柔软的丝绸一般细腻”（G. 乐培）。

如今，穆西尼葡萄酒产区大约有15个葡萄酒庄，其中最为著名的当属勒罗伊酒庄（Domaine Leroy），现在由拉鲁·比兹-勒罗伊（Lalou Bize-Leroy）掌管。她是从E. 德·维莱纳（E. de Villaine）购得了罗曼尼-康帝酒园部分的股权。著名奥克塞-杜雷塞镇(Auxey-Duresses)商人亨利·勒罗伊（Henri Leroy）的女儿。亨利·勒罗伊将其毕生的精力都花在了提高自己庄园葡萄酒品质上，而其效果也相当显著。这里所产的葡萄酒被誉为“勃艮第地区的卢浮宫”，可见其珍贵与稀有。在穆西尼，仅有8公顷的土地上产出的葡萄酒当之无愧为最优秀的穆西尼红葡萄酒。这种酒口感遒劲高雅，酒质滑腻丰满，相当绵密，其芳香也极为厚重，在口腔中久久不绝。

一名评论家在品尝过这种极为细腻且高贵的葡萄酒后说：“我觉得，好像不是我在品评它，而相反，却是它在一层层地品评我……”

那深邃与细密的感觉

米尔杰可·居尔纪什本人推荐的赤霞珠葡萄酒，酒体坚实鲜明，芳香集中，用它来搭配红肉或各种野味都相当不错。

米尔杰可·居尔纪什（Miljenko Grgich）原本出生在克罗地亚，他的父亲就从事着葡萄酒酿造的工作。1956年，米尔杰可·居尔纪什移居到了美国。当时，他只带着32美元，英文也不太会讲，只知晓几个简单的单词。但是，他深知自己想要的东西是什么，那就是生活上、学习上以及创造上的无限自由，当然还有他一直以来梦想的：酿造葡萄酒，酿造世界上最受欢迎的佳酿。经过20多年的不懈努力与奋战，他终于与奥斯汀·希尔斯（Austin Hills，希尔斯家族之前一直经营咖啡生意）共同合作在纳帕谷的卢瑟福（Rutherford）创立了以他俩名字冠名的酒庄居尔纪什·希尔斯酒庄（Grgich Hills Cellar）。很快，酒庄就凭借着优质的加利福尼亚州霞多丽葡萄、嘉本纳葡萄、仙粉黛葡萄和白苏维翁葡萄酿造出了一支又一支美酒，赢得了良好的名誉。对于米尔杰可·居尔纪什来说，酿造一瓶绝世佳酿的关键就在于倾听自然与葡萄细微的声音。“当我在自己耳边捏碎一粒葡萄时，我能清楚地告诉您它的含糖量是多少，”经常歪戴着贝雷帽的米尔杰可·居尔纪什操着带有浓重欧洲中部口音的英语这样说道。作为酒庄的管理者，其资历相当丰厚，他毕业于酿酒专业。不过说到其收获最多的酿酒学习经历，还是最初在博略（Beaulieu）师从著名酿酒大家安德烈·柴贝彻夫（André Tchelistcheff）那段经历。他后来有幸与美国葡萄酒业的传奇人物罗伯特·蒙大维合作，再后来作为酿酒师加入蒙特雷纳堡（Château Montelena）。

居尔纪什·希尔斯酒庄第一年所酿造的酒使用的是霞多丽葡萄。米尔杰可·居尔纪什在酿造它的时候就仿佛在精心雕琢一件完美的工艺品，这使得酿成的酒有着完美的平衡和纯粹天然的口感。当然，在居尔纪什众多的杰作中还有一支酒不得不提，那就是这里的赤霞珠葡萄酒（Cabernet Sauvignon）。酿造这种酒的葡萄完全来自位于杨特维尔镇（Yountville）的一个葡萄种植区，离传奇的玛莎葡萄园（Martha’s Vineyard）相当近。酿成的酒有着极高的细密感，酒体华贵高雅、深邃复杂，其中混加着波尔多地区的葡萄，使得整支酒都彰显一种丰满的气息，特别是那种坚实的单宁风味，与果香混合在一起沁人心脾。

特立独行的风格

夏尔·瓦格纳和自己的儿子恰克在葡萄种植园中。该葡萄种植园位于卢瑟福与西尔弗拉多路（Silverado Trail）之间的康·克里克（Conn Creek）。

很久以前，在纳帕谷卢瑟福的东边，有一片很大的西班牙酒园，名字就叫佳慕（Caymus）……1906年，一个祖籍为法国阿尔萨斯的葡萄果农瓦格纳（Wagner）在这里买下了几公顷的土地加以开发。不过此后不久，由于颁发了禁酒令，酒庄便开不下去了，于是瓦格纳让自己的孩子们在园子里种植果树。时过境迁，老庄主的孙子夏尔·瓦格纳（Charles Wagner）也长大成人，这个原本就属于葡萄酒世家的年轻人从骨子里热爱着葡萄酒酿造。这也难怪，就算不提他葡萄酒世家的出身，就看那大名鼎鼎的纳帕谷中就出了多少葡萄酒酿造大家：贝灵哲兄弟（Beringer Brothers）、夏尔·库克（Charles Krug）、乔治·德·拉图（Georges de Latour），还有路易·马尔蒂尼（Louis Martini）。20世纪60年代，夏尔·瓦格纳重新将佳慕庄园（Caymus Vineyards）的大旗竖起，之后，酒庄推出的1972年份葡萄酒令佳慕庄园获得了些许成功。1975年，酒庄开始把几块上好的葡萄园区所产的赤霞珠葡萄酿成特选葡萄酒（Special Selection）。这种酒中还会加入4%的品丽珠葡萄、马尔白克葡萄以及小维铎葡萄。如今，酒庄已经由夏尔·瓦格纳的儿子恰克（Chuck）接手管理。恰克从他父亲那里继承了对葡萄酒事业无可比拟的激情。对于他来说，最大的目标就是创造出无可匹敌的佳慕葡萄酒。

佳慕庄园特选葡萄酒的酒裙颜色相当深厚，每一支都经过在木质酒桶中长期封存，酒体结构和谐，口感细腻丰润，不失高雅之气。打开瓶塞后，一股稀有木头的香气喷薄而出，其间夹杂着烟草以及水果的芳香。入口后那流动的液体带给味蕾丰富且丰满的感觉，那种感觉悠悠缓缓，复杂得让你难以辨清。储藏10年之久的佳慕庄园特选葡萄酒（这种酒一般可以陈藏20余年，这在加利福尼亚州产的葡萄酒中相当罕见）会达到巅峰状态，就仿佛一朵怒放的花朵，将自己及缔造者特立独行的个性完美地展现出来。

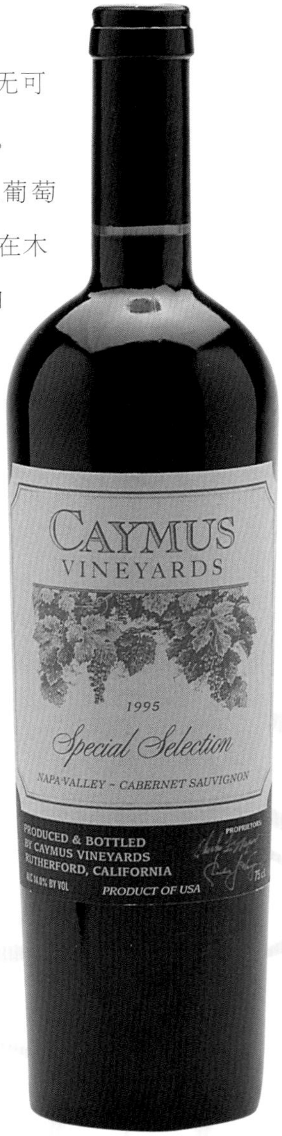

佳慕庄园特选葡萄酒可以说彰显了加州地区独特的风土特点。酒庄每年共产420 000瓶，而这种酒每年的产量仅为120 000瓶。

在重新种植葡萄之前，整块土地都要悉心地翻整。

犹如黄金分割率一般的平衡

世界上质量最为上乘的一支赤霞珠葡萄酒就来自加利福尼亚州的纳帕谷，出产它的那片土地的名字则来自一则古老的印第安传奇故事。

1976 年，创立了葡萄酒学院（Académie du Vin）的斯蒂芬·斯珀里尔（Steven Spurrier）在巴黎举行了一场著名的盲品葡萄酒大赛。在这场品酒大赛中，他安排了一场盛大的顶尖加利福尼亚州葡萄酒对战顶尖法国葡萄酒的角逐，而这一赛事也充分证明了，加州的葡萄酒完全可以媲美法国名酒。品酒大赛结束，1973 年产的鹿跃酒庄（Stag's Leep Wine Cellars）赤霞珠葡萄酒当之无愧地在众多葡萄酒中拔得头筹。10 年后，在纽约，该酒庄同一年份的葡萄酒再次证实了其绝佳的品质，充分地证实了鹿跃酒庄赤霞珠葡萄酒在陈酿多年后仍然可以保持极佳的口味和芳香。鹿跃葡萄产区位于纳帕谷的东南端。“鹿跃”这个名字，可以追溯到一个印第安的古老传奇故事，有一天，一只鹿慌张地躲避众人的追逐，猛地一跃，腾过了悬崖陡峭的谷涧。鹿跃酒庄的庄主瓦伦·维纳斯基（Warren Winiarski）可能生来注定就与葡萄酒有缘（其姓氏的波兰语意思就是“与葡萄酒有关”）。1964 年，30 几岁的他放弃了自己在学术界发展的道路，毅然来到加利福尼亚州从事葡萄种植，他的梦想就是有一天能在自己的葡萄种植园中缔造出最好的葡萄酒。终于，他成功地在鹿跃葡萄产区获得了几公顷的土地，没错，就是在这绝妙的地方。如今，该庄园所酿造的葡萄酒已经成为了加利福尼亚地区最为著名同时也价值不菲的酒了，特别是该酒庄出产的卡斯克 23（Cask 23）葡萄酒，堪称世界上独一无二的绝佳赤霞珠葡萄酒。之所以称之为世界上品质最高的赤霞珠葡萄酒，全有赖于其和谐的酒体结构：首先，这支酒的芳香浓郁诱人，复杂中透出灵动，花香果香交织在一起，厚重中彰显实在的力度。其实，这酒就像庄主瓦伦·维纳斯基个性的真实写照，他认为，葡萄酒正是一种黄金分割率的完美体现，是愿望与现实两者间的绝佳平衡点，也是静止与驿动、本能与智慧这几组关系间的真正和谐。

时间磨砺的地下艳火

在纳帕谷南端，有一座山名叫钻石山（Diamond Mountain），卡里斯托加城（Calistoga）就坐落在其脚下。正是在这里，我们能够找到一种勃艮第地区特有的风貌，就是说，每一块葡萄种植地的特质均与其出产的葡萄酒质量息息相关。具体讲，每块产区都有其独特的个性，而这种个性之所以与众不同是因为它只有此地有，在任何其他地方都找不到。这种特性包括土地、土壤或者位置的先天条件，而正是这诸多条件决定了最后酿成的葡萄酒的特性。钻石溪酒园（Diamond Creek）园主阿尔·布朗斯坦（Al Brounstein）可谓是酒庄的灵魂人物，他热爱勃艮第以及自己酒庄出品的葡萄酒，他坚信自己终有一天会读懂土地要告知他的一切，那是土壤还有那些正在成熟的葡萄与即将诞生的葡萄酒想要读给他听的神话。阿尔·布朗斯坦是一位葡萄酒酿造的先锋式人物。原本经营一家规模庞大的药物贸易公司的他，在钻石溪购得了几十公顷的土地，不久后又在峡谷的低洼地段整理出一块16公顷大小的种植园。在这块种植园中，整片土地被划分成一块一块的，依照每块土地不同的特质酿造不同的酒，庄主希望利用加利福尼亚的特有风土缔造出可以击败波尔多葡萄名酒的佳酿来。

钻石溪酒园的火山园葡萄酒可以说是一支必须品尝的美国产葡萄酒，其售价也相当不菲。

放弃了药物贸易公司后，阿尔·布朗斯坦成了一位当之无愧的葡萄酒酿造领军人物。

火山园（Volcanic Hill）是钻石溪酒园4块葡萄产地中的一块，占地3.2公顷，面向正南，位于遍布着红色土壤的红石园（Red Rock Terrace）对面。两块园地中间则是布满细碎卵石的碎石草原（Gravely Meadows），小山谷的深处就是仅有0.3公顷面积的湖园（Lake）。这4个园区酿造葡萄酒的标准极为严格，故而出产的佳酿也都是无可匹敌的，并且各具特色。其中火山园出产的葡萄酒中88%的葡萄为赤霞珠葡萄，其次添加的则是梅洛葡萄以及品丽珠葡萄。这种酒仿佛火山一样喷发出强劲的力度，那集中的口感与丰满的味觉就如同地底灼人的火热一般。随着久存，这风味会更加丰腴，仿佛被时间打磨下棱角一样。

伟岸的酒中贵族

图中这种葡萄为酿造多米纳斯葡萄酒4种葡萄中的一种——品丽珠葡萄。另外3种是赤霞珠葡萄、梅洛葡萄和小维铎葡萄。它们都是直接从波尔多移种到纳帕努克园的波尔多原产葡萄。

在法国波尔多吉伦特省有这样一位伟大的人物——让-皮埃尔·莫依克斯（Jean-Pierre Moueix），正是他提高了波尔多右岸葡萄酒的声望，缔造了自家的葡萄酒帝国。他入驻帕图斯堡后，成功地使该庄园的葡萄酒攻入了美国白宫。他的儿子克里斯蒂安（Christian）更是在美国加州创造了出色的多米纳斯（Dominus）葡萄酒。克里斯蒂安·莫依克斯很早就爱上了加利福尼亚这片土地，因为这里的风土上乘，彰显着独特的魅力。1982年，克里斯蒂安·莫依克斯来到了纳帕努克园（Napanook）这片沃土。当时酒庄才经历过重建，不过他一眼就看出了这里发展的前途，因为庄园中的每个人都是当之无愧的人才，不论从知识技能到才华或是能力上，都赋予了克里斯蒂安·莫依克斯无限的激情。

多米纳斯酒庄的葡萄种植园位于一块布满软泥的缓坡上，这里的泥土中夹杂着众多沙砾。这种土质在干燥的夏季能够使得葡萄根部保持凉爽，生长年头久的葡萄植株均不用灌溉，只有那些年轻的植株需要定期浇水。葡萄种植园中，赤霞珠葡萄、梅洛葡萄、品丽珠葡萄和小维铎葡萄都生长在园中最热的土地上，这样一来这几种葡萄的特性便会相当集中，酿出的酒也颇显大气。多米纳斯葡萄酒的酿造由克里斯托弗·菲尔普斯（Christopher Phelps）执掌，并有帕图斯堡原总酿酒师让-克劳德·贝鲁埃（Jean-Claude Berrouet）协助。每年份出品的酒都会邀请不同的画家来绘制商标。这款酒有着香料独有的芳香，清新的薄荷味道中交织着黑色水果的好闻气味，细细品味，还有一种当地土壤的特殊矿石风味。多米纳斯葡萄酒就如同一位伟岸的贵族，长久地屹立在那里，随着时间的流逝，它涩口的风味以及强烈的单宁气息会慢慢消逝，变得柔和。

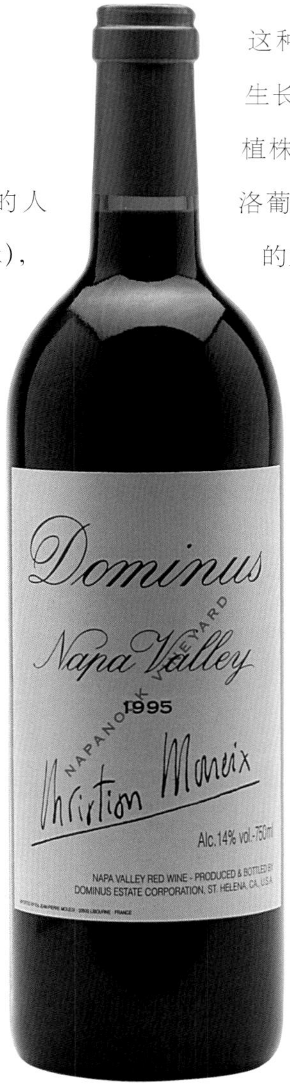

酒庄出品的前8个年份的多米纳斯葡萄酒酒标上都有克里斯蒂安·莫依克斯的头像，后来从1991年份开始，只使用庄主的签名了。

14 公顷的玛莎园就坐落在离利布尔讷不远的著名玛亚卡马山脚下。

怒放般的独特个性

正是有着对葡萄酒的无限热情，乔·赫兹（Jo Heitz）创造出了品质卓绝的美国产葡萄酒。他在20世纪40年代初次来到加利福尼亚州服兵役。但他来到这里立刻就被那神秘莫测的酿酒学吸引了。于是，乔·赫兹在加州一个学院修完酿酒系的课程以后便来到博略酒庄师从著名的酿酒大师安德烈·柴贝彻夫学习多年。之后，在众多葡萄果农朋友的帮助下，乔·赫兹终于买下了一小块葡萄种植园。赫兹最有名的葡萄酒来自汤姆·梅（Tom May）拥有的酒园，那是离奥克维尔（Oakville）不远的一块14公顷的葡萄种植园。这座葡萄园以其妻子的名字命名，就叫玛莎园（Martha' s Vineyard）。此块土地面向正东，土壤中富含沙砾，并且混杂着柔软黏腻的泥土和河流沉积物。平日日照充足，但是由于地处玛亚卡马山（Mayacamas）脚下，下午的时候山阴又不会使这里的小气候太过炎热。并且，园区周围种植着许多桉树，所以玛莎园中的葡萄酒都稍稍带着这种树木的特殊香气。乔·赫兹用玛莎园成熟度完好的赤霞珠葡萄进行酿造：甄选葡萄、压榨，这两道工序过后，把葡萄浆注入不锈钢大桶中低温发酵一星期，新酒后来会被倒入美国制的木桶中，后来再注入由法国或美国木材所造的木桶中陈化，陈化期的时间长短不等。一般来说，赫兹酒窖玛莎园葡萄酒（Martha' s Vineyard Heitz Cellar）的年产量为54 000瓶，每支都带着怒放般的独特个性。这种酒酒裙颜色深黑，酒精度也颇高，入口后首先彰显的就是薄荷及桉树的美好香气，而后是巧克力和甜美蜜饯的味道，不待其完全散尽，赤霞珠葡萄特有的那种充满热度的甜美油然而生。葡萄酒的风味很大一部分取决于当地的风土特点，这支酒也是如此，它独特的木香隐隐约约，令人回味无穷，还有丝滑的单宁气息交互在若有若无的香料芳香之中。

玛莎园的赤霞珠葡萄酒一般要在法国或美国木材所造的木桶中陈化3年零9个月。酿造葡萄酒的葡萄满载着当地独特的风土特征，采摘时的成熟度需要相当高，随着时间的推移，其口感会变得相当细腻柔润。

斯科特·麦克劳德（Scott McLeod）是弗朗西斯·福特·科波拉酒庄的酿酒师。此刻他正在审视卢比肯这种丰满又成熟的葡萄酒的酿造程度。

酿造大气名酒的激情

1879 年，古斯塔夫·尼邦（Gustave Niebaum）创立了一家酒庄，这便是后来弗朗西斯·福特·科波拉购得并传承至今的酒庄。

出生于音乐世家的弗朗西斯·福特·科波拉对音乐有着独一无二的癖好。不过，他的大名却出现在我们称之为第七艺术的领域里，他导演了著名《教父》三部曲以及《现代启示录》。除了电影，他的生活中还有能给予他无比激情的事物，那就是美食与美酒。

1975 年，弗朗西斯·福特·科波拉在纳帕谷一座气候干燥布满石子的小丘上建立了自己的葡萄酒庄。这里正位于美国葡萄种植园最为繁茂的地带核心，卢瑟福的圣·约翰山（Mont Saint John）脚下。而作为这家酒庄的缔造者和管理者，这位大导演十分晓得聚拢身边的艺术人才，比如拉法埃尔·罗德里格斯（Rafael Rodriguez），30 多年的种植经验使其不愧为园艺学的集大成者。当然，更值得一提的就是安德烈·柴贝彻夫，可以说，他就是加利福尼亚葡萄酒酿造业的教父级人物。安德烈·柴贝彻夫祖籍俄罗斯，保皇派白军战败后，他逃到了法国，成了保罗·马尔塞（Paul Marsais）教授的助手，而后又被著名的博略酒庄创始人乔治·德·拉图（Georges de Latour）雇用。自此以后，其利用赤霞珠葡萄及黑皮诺葡萄酿造葡萄酒的技艺便出落得相当精湛。弗朗西斯·福特·科波拉旗下的尼邦－科波拉酒庄（Domaine Niebaum-Coppola）中，一切事务均由大导演亲自监管。尼邦－科波拉酒庄卢比肯（Rubicon）葡萄酒是由赤霞珠葡萄、梅洛葡萄和品丽珠葡萄混合在一起酿，压榨出的葡萄汁被盛放在法国产橡木桶中陈化。

该酒酒裙呈深红色，如同深邃浩渺的红宝石一样美丽夺目，闻起来带着淡淡的香料气息和好闻的巧克力醇香。酒体丰满，结构层次复杂但平衡，入口后那高贵的气质使得每一个味蕾都为之震颤，特别是其中某几个年份的酒更是出类拔萃，成为尊者中的尊者。

弗朗西斯·福特·科波拉十分热衷于罗马历史。1978 年，当他决定酿造自己的葡萄酒时就推出了这支卢比肯葡萄酒。

独特的审美观

蒙大维酒庄（Domaine Mondavi）酒庄位于奥克维尔的主体建筑。这家酒庄坐落于纳帕谷中心地带，整体建筑都有着西班牙风格。

罗伯特·蒙大维祖籍意大利，不过其家族很早便移民到了美国的明尼苏达州。而后又移居到加利福尼亚州，在那里，他的父亲开创了自己的葡萄酒生意。罗伯特·蒙大维可以说已经成为新世界葡萄酒历史上的一个传奇人物，他当之无愧地标榜着自己的成功之路。1966 年，罗伯特·蒙大维在纳帕谷中的杨特维尔镇建立了自己的葡萄酒庄。这座酒庄中的所有建筑都有着西班牙的风格，其间还矗立着一座小尖塔，象征着教徒们为葡萄酒业所迈出的第一步。罗伯特·蒙大维除却狂热地热爱着葡萄酒之外，还相当钟爱艺术、音乐以及绘画。对他来说持久的优质才是最重要的（他也时常会与他的孩子热烈地讨论有关质量优劣重要性的问题）。在他的酒庄中，霞多丽葡萄酿造的白酒堪比勃艮第地区的名干白，当然，还有那相当著名的白富美（Fumé blanc）葡萄酒，都是质量上乘的精品。经过不懈努力，罗伯特·蒙大维所管理的酒庄已经成为葡萄酒酿造业中的翘楚，也成了当地著名的旅游胜地。任何热爱生活的人，不论你是新手还是稍有见识的，只要你认为葡萄酒是一种生活的艺术，认为它与文化，特别是与美食文化息息相关，那么就可以来这里走上一遭。作为酒庄的管理者，罗伯特·蒙大维十分关注在勃艮第和波尔多这些葡萄酒著名产区每天都发生了什么。关于葡萄酒，罗伯特与波尔多著名木桐-罗斯柴尔德酒庄（Château Mouton-Rothschild）庄主菲利普·德·罗斯柴尔德（Philippe de Rothschild）有着一致的理念，他们都认为葡萄酒实际上就是一种审美观点。于是，他俩首次合作，将波尔多与纳帕谷的灵气合二为一，利用两人的经验，用加利福尼亚最好的葡萄创造了这支第一号作品葡萄酒（Opus One）。当时，一支由两个酒庄顶级力量组成的团队在这现代化的酒庄中共同努力奋战，就是为了一个共同的目标——在梅洛葡萄及品丽珠葡萄的陪衬下，将赤霞珠葡萄独一无二的个性淋漓尽致地体现出来。这种酒几乎完美无缺，经过时间的历练更会彰显其睿智及高贵。

第一号作品葡萄酒象征了波尔多与加利福尼亚葡萄酒酿造业的完美融合，这新旧两大世界的结合缔造了这支举世无双的完美葡萄酒。

碧尚女爵堡酿制的所有最佳波亚克葡萄酒中，值得推荐的是1982年、1986年以及1989年这几个年份的葡萄酒。

无与伦比的欢愉

在碧尚女爵堡中居住的是庄主梅-伊莲·德·兰翠珊夫人和她的丈夫。

直到1850年，波亚克省只有一个碧尚-隆格威尔堡（Domaine Pichon-Longueville）。1855年，著名的葡萄酒评级开始，于是，碧尚-隆格威尔（Pichon-Longueville）男爵与他的妹妹德·拉兰德（de Lalande）女爵将葡萄园一分为二，各占一方。所以，如今就有了两个不同的品牌，并且，两个酒庄所产的酒也有所区别，原因是两块葡萄园的风土不尽相同，各自的葡萄品种也不同。男爵旗下的种植园以赤霞珠葡萄为主，而女爵葡萄种植园中还种相当多的梅洛葡萄。如今，我们已经不会那么繁复地来称呼这两家庄园，只习惯性地分别称二者为碧尚男爵和碧尚女爵，用以区分这两家不同的酒庄。其中碧尚女爵堡更是与著名的拉图堡比邻。

著名的女酿酒师梅-伊莲·德·兰翠珊（May-Éliane de Lencquesaing）夫人出生于有着深厚积淀的酿酒世家米埃勒（Miailhe）家族。她有着无可指摘的权威地位以及充沛的活力、丰富的知识技能，对酿酒也是精益求精。1978年，梅-伊莲·德·兰翠珊夫人成了这座在波亚克地区相当知名的酒庄庄主。波亚克所产的葡萄酒充满浓郁的果香，那馥郁的风味十分讨人喜欢，仿佛勾魂摄魄一般。如果我们品尝的是一支年轻的葡萄酒，那么它会带给你一种难以名状的愉快感觉，不过，这种酒的陈年能力也相当雄厚，可谓越陈越香。波亚克葡萄酒可以搭配各种吃食，但是与红肉以及野味肉食搭配在一起简直可以说是天作之合。如今，碧尚女爵堡中的酿酒设施都已经变得相当现代化，新建了崭新的酒槽以及酒窖。不过，它那彰显着无限浪漫气息的带着尖尖屋顶的城堡令你一眼看去便能与其临近的碧尚男爵堡区分开来。碧尚女爵堡酿造的酒会加入一定比例的梅洛葡萄，所以，这里的酒才会有着出众的柔软感，颜色也会相当细腻，入口后那难以言表的甘美沁人心脾。自20世纪70年代以来这酒便是波尔多地区常年都会力拔头筹的酒品之一。著名法国作家贝尔纳德·吉内斯泰（Bernard Ginestet）就曾写过：“碧尚女爵堡摆脱了波亚克地区的传统风俗，带有些许玛歌的产酒风貌。”

顶级的长寿之酒

当詹姆斯·德·罗斯柴尔德男爵以天文数字的巨款买下了拉菲庄后，便已经赋予了它无上的荣耀。

拉菲堡的名字来源于法国加斯科方言，意为“高地或山冈”。很早以前这里就种植着葡萄，不过，庄园真正开始大规模种植葡萄还要追溯到塞居尔（Ségur）家族到来之时。这一家族可谓实力雄厚，除了拉菲外，还掌管着拉图、木桐以及凯隆-塞居尔（Calon-Ségur）这几个葡萄酒名庄。除却实力的雄厚，这一家族更可称得上是梅多克地区在厚实的沙砾土层上种植葡萄的先锋。18 世纪的时候，塞居尔家族的侯爵尼古拉·亚历山大（Nicolas Alexandre），这位曾被法国国王加封为“葡萄酒王子”的人为拉菲所产的葡萄酒奠定了相当雄厚的基础。此后的漫长岁月中，只要提到拉菲葡萄酒，人们脑海里便都是它那奢华、高雅与伟岸的身影。就好比这瓶 1787 年份的葡萄酒，美国总统托马斯·杰斐逊当年来到法国，走访了波尔多的大小酒庄，并在拉菲堡购买了一瓶这一年份的葡萄酒珍藏。这支葡萄酒在 1985 年佳士得拍卖公司的拍卖中拍到了一百万法郎的高价。1794 年，酒庄命运中的冬天到来。酒庄被新政府没收，吉安县议会的主席，即当时拉菲堡的庄主也被送上了断头台。随后，酒庄几更其主，于 1868 年，被一位名叫詹姆斯·德·罗斯柴尔德（James de Rothschild）的人以 450 万法郎的巨款买下。拉菲酒庄重又回到了法国人的手中。如今，酒庄的命运已经传递到了埃里克·德·罗斯柴尔德（Éric de Rothschild）手中。拉菲-罗斯柴尔德庄园可以说是波亚克葡萄酒产区中的贵族酒庄，是梅多克地区最大的葡萄酒庄。他家的酒在过早品尝之时口感会显得毫无修饰的酸涩刺激，故而我们有时会认为它不好……这绝对是错误的，就像法国著名评论家詹姆斯·考盖（James Coquet）创造的词一样“Lafiticide”，大意就是过早地扼杀了拉菲堡所产的葡萄酒。

拉菲-罗斯柴尔德庄园位于波亚克地区海拔最高的一块坡度较为陡峭的小丘上，毗邻圣-埃斯代夫产区。其面积相当大，葡萄种植园一直绵延到吉伦特河。透过古堡古朴墙壁上漆成白色的窗户可以看到远处驶向大西洋的船只，而园中的葡萄也是生长繁茂，甚至蔓延到古堡花园的墙角下。拉菲葡萄酒有着结实的甘美口感，其动人的细腻和纯然的平衡感也是相当诱人，酒中会随需要

关于拉菲 1982 年份葡萄酒，一般建议不要在 20 世纪末前饮用，这支酒的陈藏能力很强，甚至保存到 21 世纪的前 50 个年头都没有问题。

著名建筑师里卡多·波菲尔为酒庄设计建造的酒窖深藏在地下，酒窖中常年保持自然温度，优雅的环境以及协调的明暗对比令人觉得相当恬静。

主色调为粉色与紫色的酒库建筑主体。

两瓶珍藏款拉菲葡萄酒，左边一瓶为 1806 年份的酒，下面这瓶则是美国总统托马斯·杰斐逊珍藏的那瓶 1787 年份的拉菲葡萄酒

加入不同比例的梅洛葡萄以增强酒体的柔润与圆滑。可以说，这里的酒就是最为细腻的葡萄酒中的大成之作，其陈年能力相当强，酒中占重头的赤霞珠葡萄经过多年的陈化会越变越美味。为了避免这如黄金般珍贵的液体最后因久藏而无端挥发，酒庄每 20 年便会将葡萄酒的瓶塞更换一遍并悉心窖藏。并且，这种精细的操作仅有经验丰富的酒库掌管者才有资格进行。戴安娜·德·碧埃维尔（Diane de Biéville）曾在自己所著的《城堡》（*Châteaux*）一书中这样写道：“在拉菲堡，酒库师傅每年都会为大约 5000 瓶珍藏于世界各地的拉菲葡萄酒更换新瓶塞，换好瓶塞的葡萄酒会由他亲自送回葡萄酒商或是葡萄酒收藏者的手中。这一来一去的舟车劳顿令我想到了英国劳斯莱斯的机械师们，他们带着珍藏的美酒，来到沙漠深处，而手中提着的工具箱则是为了随时修理那顽固的发动机。这执着中透露着拉菲葡萄酒的珍贵。”作为现今拉菲-罗斯柴尔德庄园庄主的埃里克·德·罗斯柴尔德一直喜爱将艺术与技术在葡萄酒酿造中结合起来。他认为酒庄始终都在用艺术以及天性来酿酒，而结果也是随机的，有好也有坏。与此同时，他还相当注重现代化，曾邀请了著名建筑师里卡多·波菲尔（Ricardo Bofill）为酒庄设计建造了新的酒窖。这位于地下的酒窖极具现代之风，呈环状排列的酒桶（这种排列方式更有便于酒桶的移动）将美感与葡萄酒陈酿的功能完美地结合在一起。

拉菲堡是 17 世纪末根植于梅多克地区的最早一批葡萄酒庄之一。

带有第二帝国时期风格的酒庄大厅。

拉图堡的庄主尼古拉·亚历山大·德·塞居尔，由于他在波尔多地区拥有众多名庄而被封为“葡萄酒王子”。

不朽的高贵

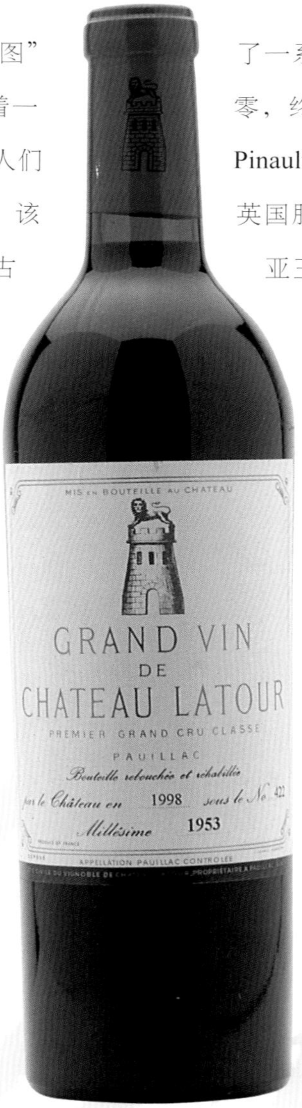

拉图堡（Château Latour）之所以被称为“拉图”（Latour）是因为这里的葡萄种植园的尽头树立着一座小塔，这座小塔原本是中世纪城墙的一部分，人们把“La tour”（塔）连起来为这座城堡起了名字。该庄园的酒窖一支延伸到英法百年战争年间建造的古老堡垒处，不过，如今这古老的防御设施已经被夷为平地了。拉图堡与圣-朱利安(Saint-Julien)镇接壤，位于吉伦特河口，庄园中60公顷的土地布满了含有石英成分石头，十分适合葡萄的生长，也正是在这片土地上酿成了连法国著名人文主义思想家蒙田（Montaigne）都在《随笔集》(*Essais*)中赞不绝口的名酒。18世纪，塞居尔家族收购了该酒庄，与此同时该家族还收购了拉菲堡和凯隆-塞居尔堡，成了当之无愧的葡萄酒大家，该家族的尼古拉·亚历山大·德·塞居尔更是被封为“葡萄酒王子”。20世纪60年代起，拉图堡的股权被卖给了两家英国公司：皮尔森集团（Groupe Pearson）和联合里昂集团(Allied Lyons)。在英国人掌控期间，酒庄吸收了股东大量的投资的同时任人唯贤，庄园经历了一系列大刀阔斧的改革。1993年，拉图酒庄几经飘零，终于被法国零售业巨头弗朗索瓦·皮诺（François Pinault）收复。拉图酒庄经历了如此多的历史变迁，在英国股东与法国股东间几经易手，甚至在古老的瓦罗亚王朝与金雀花王朝对峙之时也成了必争之地。一切都在改变，但是只有一点不变，那就是拉图酒庄那延续至今的至尊名誉。

让-保罗·加德尔（Jean-Paul Gardère）在拉图堡酒庄中做了近1/4个世纪的酿酒师。他就像一位带着魔力的魔术师，用他深邃的眼睛洞察着拉图堡的一切，没有人比他更清楚这里的土地以及气候的一切特质：拉图堡位于吉伦特河口，这一带的土地覆盖着厚厚的沙砾层，这样的土质和气候相当适宜梅多克地区传统葡萄的生长。用这里出产的赤霞珠葡萄，掺入一定量的梅洛葡萄与品丽珠葡萄，就能酿出那诱人的佳酿。由于位于水边，温度不会下降得

和所有波尔多地区所产的葡萄酒一样，年份最佳的拉图堡葡萄酒有以下几个年份：1945年、1955年、1961年和1970年。拉图堡最大的特点还是其酒品一贯的优质特性，不管年景优劣。

古堡中的餐厅显得相当大气古朴，在您打开一瓶如此绝妙的佳酿时，这安静得可以冥想的环境再合适不过了。古堡外面这白色的小石塔一眼就能看见，也成为了酒庄的永久象征。

拉图堡葡萄种植园中典型的沙砾质土壤造就了这里与众不同的佳酿。下图中是葡萄酒在酒窖中历经陈藏。右边图中这瓶酒产于 1864 年，酒瓶由一层纸紧紧包裹着，酒标则简简单单地手写完成。

太快，生长在这里的葡萄可以免受霜冻的侵袭。另外，葡萄种植园中心的 40 多公顷的土地被人们称为“Enclos”，在法文中的意思就是“被围起来的场所”，生长在此处的葡萄必须是较为成熟的葡萄。由于地处种植园中心，这些葡萄不仅不会受到过湿的危害，也不会过于干燥。土壤中的沙砾成分可以使雨水迅速渗透至下层心土，而心土中的黏土成分又在酷暑的时候为葡萄保持水分。

在梅多克地区的众多葡萄酒中，波亚克产区的葡萄酒最为朴实无华，拉图堡所产的葡萄酒也是如此。如果打开一瓶年轻的拉图堡葡萄酒，它会带给你一种丰满多肉的口感。那口感大气且热烈，坚实又集中，甚至有些粗糙，带着若隐若现的复杂芳香，若您是一位葡萄酒初级爱好者，那么这酒恐怕您很难接受。但是，经过时间的历练（15 年、20 年或更久），拉图堡葡萄酒便会慢慢拥有一种越发充实的成熟度。这段漫长的等待绝对是值得的，经过陈藏的酒具有一种不朽的高贵感。那深黑色的酒体深邃至极，有着强悍的力度，时刻彰显着一种沉稳的厚重感。那种高雅的口感与芳香是其独有的，酒中喷薄而出的果香愈发显示出其无与伦比的丰腴感。拉图堡出产的葡萄酒和修道院奥比昂庄园酿造的葡萄酒可谓相当经受得住时间的考验，它们每年的产量都相当平衡，年份不好的时候也不会有失水准。拉图堡在葡萄酒酿造方面有着严苛的完美主义精神，在年份不好的时候他们会加强葡萄的筛选工作，这也正是其葡萄酒始终出色的关键所在。

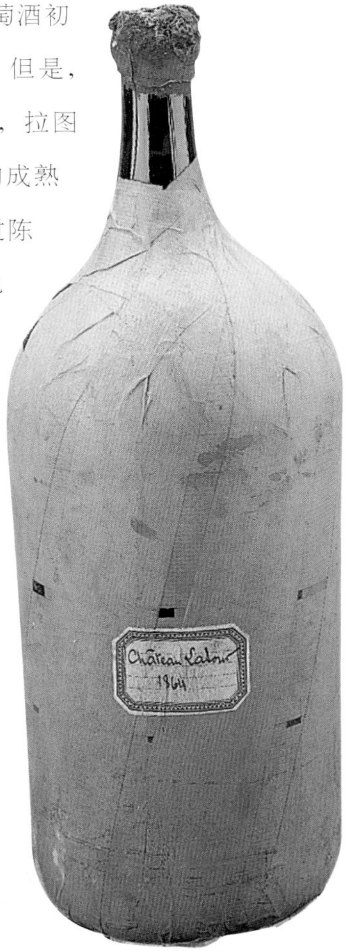

艺术气息的彰显

看着这一排排排列有序的酒桶，我们便可以联想到酒庄所一直秉承的理念：甄选与质量。

1982 年份的木桐 - 罗斯柴尔德堡葡萄酒需要陈藏大约 20 年才能达到其口感和芳香的顶级状态。

1853 年，一位名叫纳撒尼尔·德·罗斯柴尔德（Nathaniel de Rothschild）的人买下了木桐酒庄。其名字是“小丘、山冈”之意，因为在梅多克地区平坦的土地上，这里冒出了高约 25 米的小丘，小丘上优质的沙砾质土壤为赤霞珠葡萄营造了完美的风土。2 年后，在波尔多葡萄酒的评级中，木桐 - 罗斯柴尔德堡（Château Mouton-Rothschild）大大受挫，没能如愿进入名庄第一级。1973 年，酒庄的名誉终于被纳撒尼尔·德·罗斯柴尔德的孙子菲利普（Philippe）男爵挽回，菲利普作为一名优秀的酒庄庄主，有着相当清晰与细致的思路，比如 1925 年，他便决定酒庄生产的葡萄酒一定要在庄中装瓶，这项创新成了现代所有优质庄园葡萄酒的生产标准。1924 年起，酒庄的酒瓶上不光要标上庄名，还要编号，并且，酒标上的图案也会邀请著名的艺术家来绘制：让·卡卢（Jean Carlu）、毕加索（Picasso）、达利（Dali）……都为酒庄设计过酒标。

1945 年到 1991 年产的木桐 - 罗斯柴尔德堡葡萄酒收藏，可以说，这是酒庄半个世纪以来的经典杰作。

可以说，木桐 - 罗斯柴尔德堡的庄主是将艺术世界与葡萄酒联系到一起的标志性创新者之一。虽然此后也有不少酒庄步之后尘，但是谁都没有像纳撒尼尔·德·罗斯柴尔德一样，竟然建起了一个名画博物馆，馆中珍藏着众多油画与绝妙的壁毯，还有许多与葡萄酒相关的珍贵物件。可以说，纳撒尼尔·德·罗斯柴尔德一生都在追寻着葡萄酒质量与艺术气息间的完美平衡。

木桐 - 罗斯柴尔德堡酿造的葡萄酒每一支都力度无限，口味厚实浓郁，带着强烈的质感与无可匹敌的甜润，由于加入了大量的赤霞珠葡萄，所以这种酒变陈的速度相当慢。入口后，葡萄酒的芳香与美妙口感会逐渐弥散开来，那口感有着天鹅绒般的深邃细腻，还有这难以言表的丰满。如今，执掌酒庄命运的已经是菲利普男爵的女儿菲丽嫔·德·罗斯柴尔德（Philippine de Rothschild）。在她手中，这诞生于波尔多的名酒更放异彩。

同奥比昂庄园一样，从 1926 年起，修道院奥比昂庄园便会先将压榨好的葡萄浆放置在这种巨大的金属桶中。

尽善尽美的追求

如果我们沿着历史的足迹向上追寻，便可以看到，奥比昂庄园和修道院奥比昂庄园以前是同一个葡萄酒庄，由让·德·朋塔克（Jean de Pontac）于 1550 年建立。之前，他迎娶了利布尔纳市（Libourne）市长的女儿，而嫁妆则就是这块地位于佩萨克（Pessac），距离波尔多市中心 2 公里左右的土地，即后来的奥比昂庄园。时光流逝，100 年过去了，一位波尔多的神父获得了奥比昂庄园中的一块地，之后，这块地辗转到了圣 - 文森 - 德 - 保罗（Saint-Vincent-de-Paul）手中，随后演化成了如今的修道院奥比昂庄园。20 世纪上半叶，修道院奥比昂庄园一直由亨利·沃尔特纳（Henri Woltner）执掌，也在他手中获得了国际声誉。如今，当我们驱车行驶在从波尔多奔往阿尔卡雄（Arcachon）的国道上时，经过马雷沙尔 - 加列尼路（Maréchal-Gallieni）与让 - 饶勒斯路（Avenue Jean-Jaurès）交汇点的时候，一眼就能看到路右边的奥比昂庄园和路左边的修道院奥比昂庄园。这两家庄园现在共同使用克拉兰斯 - 帝龙酒业（Domaines Clarence-Dillon）的商标，成了当之无愧的富饶遗产。两家庄园之间虽然仅有一路之隔，所酿造的酒却有种种不同。大家一定会很惊奇，为什么离得如此之近的两个庄园会有如此大的分别呢？两个庄园不光葡萄酒的风格不同，颜色、口感甚至是耕种葡萄的风土都有所不同。修道院奥比昂庄园所出产的酒，我们可以把它比作“男性”，因为这里酿造的酒相当大气，仿佛有着男子遒劲的肌肉；相反，奥比昂庄园出产的葡萄酒便可以被喻为“女性”，因为它们更为细腻灵动。更加值得一提的是，由于两地土壤的肥沃程度不同，修道院奥比昂庄园与奥比昂庄园葡萄种植园中的葡萄种植密度也各不相同，而其中的特级田面积则更是精之又精。修道院奥比昂庄园出产的顶级葡萄酒芳香浓厚，口感炽烈，甜美多汁，酒裙呈深邃的红色，气味集中且丰满，那甜润的感觉在口中慢慢回荡，相当和谐。其中 1975 年份的产酒更可谓是庄园中众多年份产酒中的翘楚，在 2005 年至 2050 年间会达到完美的成熟度。

奥比昂酒庄中土生土长的葡萄们对于酒庄就如同珍宝一般。

完美无上的酒庄

提到奥比昂庄园想必大家都不会陌生。近5个世纪以来，这里出产的葡萄酒都当之无愧地被人们推举上波尔多名酒的至高宝座。可以说，奥比昂庄园确实是历史长河中的宠儿。这里出产的葡萄酒不光在本产区内鼎鼎有名，在英国伦敦也是声名显赫。英国著名的日记作家塞缪尔·皮普斯（Samuel Pepys）在知名的皇家橡树酒店（Royal Oak Tavern）落脚的时候便品尝过这种酒。后来他把这段经历记录在了自己的日记里："我喝了一种名叫'Ho-Bryan'(奥比昂)的葡萄酒。这种酒的口味相当不错，那是我有生以来喝过的最为独特的葡萄酒。"正是如此。出产自奥比昂庄园的葡萄酒有着独特的个性，区别于波尔多地区其他众多葡萄酒。1855年，在波尔多葡萄酒庄分级时，奥比昂庄园被列为第一级。时至今日，酒庄已经更换了一代又一代的管理者，其中的阿尔诺·德·朋塔克（Arnaud de Pontac）老早就看透品牌意识的重要，在英国做起了酒庄葡萄酒的促销推广，很快英国人便对这里的葡萄酒如数家珍了。1801年至1804年之间，法国政治家及外交家夏尔·莫里斯·德塔列朗-佩里戈尔（Charles Maurice de Talleyrand-Périgord）也曾一度拥有过该酒庄。1935年，酒庄易主到美国银行家克拉兰斯·帝龙（Clarence Dillon）的手中，此后，该家族就一直盘踞在此。据说当年克拉兰斯·帝龙购买酒庄也是偶然。这个人相当喜欢葡萄酒，所以决定去波尔多买一个顶级酒园，原本他要去白马堡（Cheval Blanc）。可是由于那天大雨滂沱，天气寒冷，帝龙先生便落脚在了奥比昂庄园，然而这一呆就是一辈子。

奥比昂庄园可以说是"城市中的格拉夫"。在这里，你会觉得恍若在梦中，因为它是众多波尔多酒庄中仅有的几个位于市内、被建筑物环绕的酒庄之一，城市与乡野那完全不同的气息在这里交融了……酒庄的城堡、葡萄种植园以及几间酒窖如今都被波尔多市郊与佩萨克一带的民居所簇拥着。不过，就是在这

随着时间的推移，陈藏的奥比昂红葡萄酒会慢慢绽放出其独特的个性，那带着烟熏与香料香的气息，任何一种酒都无法模仿。

法国政治家及外交家夏尔·莫里斯·德塔列朗-佩里戈尔曾一度拥有过酒庄。大约134年后，来自美国的克拉兰斯·帝龙成了奥比昂庄园最杰出的庄主之一。

奥比昂庄园中的酒窖是波尔多地区最为古老的，如今整座酒庄，包括葡萄种植园都隐没在城市的包围中，而那一瓶瓶陈年佳酿也都深藏在这都市的喧嚣之中。

种环境中，庄园那高高的围墙尽显出其尊贵的气质，时刻散发出一种沉稳、安详与宁静的感觉。众多葡萄酒庄中，奥比昂庄园可以说是最为“城市化”的，城市中的特有小气候使得酒庄中种植的葡萄比其他地区种植的葡萄成熟得更快。即便如此，酒庄的开发经理让·戴马斯（Jean Delmas）却并不满足于这单一的“制胜法宝”。他是一位葡萄酒酿造的专家，同时对葡萄遗传学相当有研究。在他的精心呵护下，一片片葡萄生长繁茂。酒庄中的各项技术也相当先进。1961年，奥比昂庄园成为波尔多地区第一家利用不锈钢发酵桶（利用这一材质的发酵桶可以有效地控制温度并抑制细菌）酿造葡萄酒的酒庄，可谓突破了传统，成了葡萄酒酿造界中的佼佼者。酒庄还着手归化种植园中的各块葡萄田地，利用本园中的葡萄以克隆的方式培育。

奥比昂红葡萄酒是格拉夫地区最杰出的一支红酒，其特殊的口感带着生长着这片葡萄的土壤的芬芳，那细腻如丝绸的感觉入口悠扬，让人一下子就能体会到其深厚的文化底蕴与内涵。它是如此高雅、和谐，又带着点点灵动。可以说，奥比昂红葡萄酒并非一支口味浓烈醇厚的葡萄酒，当然其口感也不是最集中或最咄咄逼人的，但是，它是最有特点的，芬芳与气息都最复杂的一支葡萄酒。随着陈藏时间的推移，这支红酒会慢慢散发出一种任何其他葡萄酒都难以模仿出的香气，丝丝烟熏的气息夹杂着香料香，让人觉得亦幻亦真。另外，这种酒的储藏寿命也十分长，保存50年都不在话下，而经过时间历练的奥比昂也会愈发深厚，其优雅高贵的气质也会越发浓郁。

夏尔·莫里斯·德塔列朗-佩里戈尔选择住在奥比昂庄园真是相当有眼光。

带给您无可比拟的欢愉享受

帕图斯堡中的葡萄种植园仅有十几公顷的面积，里面种满了梅洛葡萄。

多尔多涅河右岸，内阿克镇（Néac）与卡首村（Catusseau）之间的土地上，我们看不到梅多克地区那些恢宏的贵族气派建筑和那一座座林立的古堡。然而，在利布尔讷地区，我们可以找到两个声名显赫的葡萄酒产区，一个是圣 - 埃米隆产区，自古久负盛名，另一个则是波美侯（Pomerol）产区，较为年轻，面积也较前者小一些。波美侯产区中最值得一提的葡萄酒就是帕图斯红酒，如今，全世界的人对该庄园的产酒都不陌生，不过，在 20 世纪 50 年代之前，这里的酒却知名度甚微。帕图斯堡的历史大约可以追溯到 20 世纪 20 年代，卢巴（Loubat）夫人，一位利布尔讷市旅店主人的妻子在波美侯继承了一块葡萄种植园。这里的土壤卵石较多，地势也比旁边的地区略高一些。种植园中有一栋相当大的建筑，还有一间仅有一层的小屋，另外就是一个装饰有罗马教皇圣 · 皮埃尔（Saint Pierre，在拉丁语中就是“Petrus”）象征标志的酒库。遍览全园，并没有任何与“Château”（城堡）有关的建筑，甚至连一间漂亮的建筑物也没有。大家如果仔细观察由波尔多美术学院院长洛迦诺（Rogano）所绘制设计的酒标，就会发现它没有波尔多地区酒庄通用的“Château”（城堡）字样，红色的“Petrus”（帕图斯）下面紧跟着的就是“Pomerol”（波美侯）和“Grand Vin”（优质酒）这两行字。可以说，帕图斯的成绩并非一蹴而就，自打 20 世纪 20 年代卢巴夫人接手了酒庄才改变了之前庄园的命运。在 20 几年的庄主生涯中，她成功地把庄园中所产的高品质葡萄酒打进了伦敦的一流餐厅中。后来，卢巴夫人故去后，一位住在多尔多涅河码头处的批发商让 - 皮埃尔 · 莫依克斯（Jean-Pierre Moueix）走入了酒庄，延续着帕图斯的传奇。雅克 · 都彭（Jacques Dupont）曾讲述道：“让 - 皮埃尔 · 莫依克斯起先是个批发商人，从 1945 年起开始从事葡萄种植和葡萄酒酿造事业。卢巴夫人之前已经把酒庄的知名度塑造起来了。她不但把帕图斯葡萄酒推介给她所认识的贵族富豪，使其在法国高级社交圈迅速流行起来，而且在英国伊丽莎白二世订婚之时也把自己的酒呈现给英国皇室。可以说，

1945 年起，帕图斯红酒便逐渐享有了传奇般的名誉；优秀品质及其稀有度使得这种酒成了波尔多最受推崇的葡萄酒。

在罗马教皇圣·皮埃尔的庇护下，帕图斯酿造出了一批又一批广受人们欢迎的葡萄酒。

卢巴夫人已经把该品牌的神话缔造得相当成功了。”1964年起，让-皮埃尔·莫依克斯与卢巴夫人的侄女共同成为酒庄的庄主，在二人的共同努力下，特别是靠着酒庄御用酿酒师让-克劳德·贝鲁埃，帕图斯堡出产的葡萄酒一路攀升，成了众酒中的精品（这位酿酒师自己说过：“帕图斯酒不是一支傲气十足的酒，而是一支带给人们无限愉悦的酒。”）。让-皮埃尔·莫依克斯对自己酒庄中的葡萄酒和杰出的酿酒师也是赞赏有加：“帕图斯葡萄酒是霸气的路易十四，而酿酒师贝鲁埃就是辅佐这位君主的让-巴普蒂斯特·柯尔贝尔（Jean-Baptiste Colbert）。”

著名的波尔多大学教师兼葡萄种植土壤专家吉拉尔·塞甘（Gérard Seguin）认为土壤、气候以及庄园中人为的工作就如同一个完美的方程式，而组成这方程式的3个元素已经完全被人们一一核实。帕图斯堡亦是如此。如今，帕图斯的传奇仍一如既往地延续着，这全要依靠酒庄现在的负责人克里斯蒂安·莫依克斯，即老庄主让-皮埃尔·莫依克斯的儿子。在这十几公顷的土地上，散布着松散的沙砾以及混杂在其中的

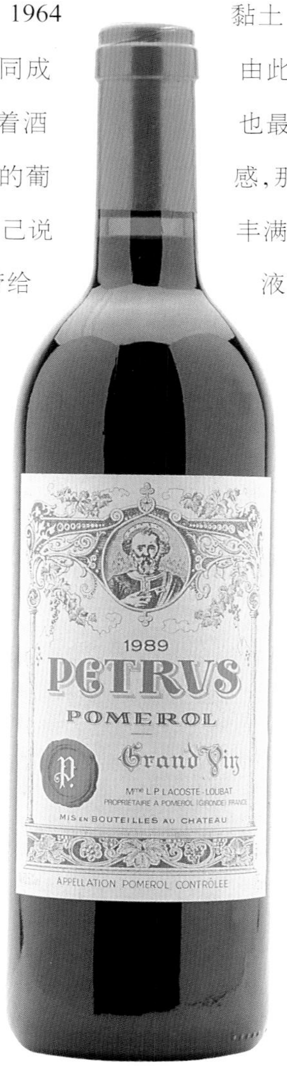

黏土，园中占大成的葡萄是梅洛葡萄，树龄都相当高，由此酿出的葡萄酒成了众多波尔多葡萄酒中最受欢迎也最贵的酒品之一。帕图斯红酒有着无与伦比的圆润感，那悠悠的果香还有丝绒般的口感都令人着迷，大气、丰满，芳香复杂、那油润的口感沉浸在细密深邃的酒液中，酒香荡漾开来，沁人心脾。知名美食品评家尼古拉·德·拉波迪曾这样写道：“这是支令人迷醉的酒，带给人们无穷的欢愉。帕图斯红酒是当之无愧的名酒，与其他红酒相比，它少了些许繁复。在品尝这种酒的时候，我们没必要遵循那些繁文缛节的品酒规则。”

帕图斯堡有着臻美完善的葡萄酒酿造流程。一支帕图斯红酒至少需要50年的陈藏才能达到口感与芳香的至美，经过陈藏的葡萄酒不光酒体结实，其酒香与口感也独树一帜，相当完美。

果香与细腻丝绒口感的完美结合

松树堡所产的葡萄酒酒标相当质朴，没有惯常所见的“Château ”（城堡）一字，酒庄名字下面一行就是简简单单的“Pomerol”（波美侯）。有人因此说，这里的酒堪与帕图斯媲美。

松树堡（Château Le Pin）的葡萄种植园面积很小，只有 1 公顷多一点，坐落于老塞丹堡（Vieux Château Certan）近旁。说到老塞丹堡，其历史感相当浓厚，20 世纪 20 年代，来自比利时的天鹏（Thienpont）家族收购了酒庄，延续了酒庄的传奇，使之成为波美侯产区的典范。而天鹏家族的另外一家酒庄——松树堡也如一颗璀璨精美的珠宝，于 20 世纪 80 年代隆重问世。松树堡每年的产量仅有几百箱。有人说，从这里出产的葡萄酒有着可与帕图斯红酒比拟的浓郁与丰满感。松树堡酒庄酿造的红酒会被放置在新木制成的酒桶中陈化，其独特的个性与丝绒般的口感一下就能够被辨别出来。对这支酒，天鹏家族倾注了所有的心血，灌注了他们所有的技能、呵护和对葡萄酒的热爱，就好像之前经营老塞丹堡一样。其实，葡萄酒的传奇并不取决于其年代的久远，那百年的神秘或是上一辈的梦想，松树堡就是最好的明证。松树堡所产的酒每年在市面上流通的数量相当少，所以有时会被刻意炒作，致使价格飙涨。然而，这丝毫不影响其高贵的品质，可以说，松树堡红酒是波尔多所有的酒中最富有异国风情、口感最集中、最摄人心魄也最丰满馥郁的一种酒，可谓青出于蓝而胜于蓝。让我们在此引用下知名酒评家罗伯特·派克的话。他品尝过 1993 年产的松树堡葡萄酒后这样说道：“这酒的酒裙有着近乎石榴石与李子之间的美妙颜色，相当有自己的个性。嗅一下，那满载着异国风情的芳香夹杂着特有的松树香以及清香的芳草气息，细细辨别，还有黑樱桃果酱那诱人的味道。”这位酒评家认为，松树堡葡萄酒果香四溢，那芳香独特又勾魂摄魄，他还说到：“那些儿时见到香蕉船便疯了似地奔跑到跟前的人，至今可能都还记得从中体验到的无比快乐，而这支酒，足以带给你当年的那种欣喜。”

在利布尔讷地区的日头下，有这样一片小小的土地、资历尚浅的它却酿造出了一支支风格卓绝的美酒。

卓龙堡一般不允许任何人参观，不过，这里的葡萄酒称得上是波美侯地区口感相当甜润、结构和谐且芳香馥郁细腻的一支了。

果香四溢

还是在利布尔讷市附近的这片葡萄种植园，一如梅多克的其他葡萄园，基本上都出产红葡萄酒。想当年，让-皮埃尔·莫依克斯在波美侯产区仅9公顷的遍布石子与黏土的土地上开辟出了一块传奇的葡萄种植园。它的面积那么小，似乎与其卓越的名声成反比，从这里出产的酒甜润丰满，势头强劲，将圣-埃米隆产区葡萄酒那活力奔放的个性和梅多克产区葡萄酒绝无仅有的细腻感融汇得淋漓尽致。没错，这正是帕图斯红酒。不过，帕图斯以及它那“超水准”的葡萄酒直到19世纪末才获得名副其实的美誉。但是，这并不影响其好评度。一直以来，帕图斯红酒与玛歌红酒或夜丘产红酒一样，广受大家追捧。著名酒评家米歇尔·多瓦（Michel Dovaz）曾这样说：“波美侯产区的红酒这么晚才真正崛起就好像一段莫测的神话。在这里，没有列级名庄的分级制度，一支支美妙的葡萄酒仿佛集结了梅多克、圣-埃米隆以及勃艮第这些知名产区的种种优点。正是这种综合性缔造了波美侯的成功。”

卓龙堡（Château Trotanoy）在地理位置上离利布尔讷市很近，位于一个小小的山丘上，面积有10几公顷，离帕图斯堡也不远（卓龙堡的主人与帕图斯的主人为同一人），虽然这家酒庄相当有名气，产酒也十分诱人，可是该园耕种起来却相当困难。原因是这里的土壤在气候干燥的时候会坚硬得像石头，可如果在雨季时，又会变得过于黏滑。

酿造于卓龙堡的葡萄酒一直以来都被人们认为是浓郁度与和谐度堪比帕图斯红酒的一支。它口感甜润丰厚，带着典型的丝绒质感。该酒的酒裙颜色深红，闪耀着柔和的光芒。打开瓶塞，四溢的果香立刻充斥鼻腔，其中还映衬着可可及香料的动人气息。入口之后，那充盈的果香便会弥散开来，饱和度很高，一直在口腔中荡漾，余味悠长。一般来说，陈藏10几年后便可以打开来饮用，搭配上松露简直是人间仙味……

在波美侯产区，没有列级名庄的分级制度。这支卓龙堡所产的红酒口感圆润柔和，带着热烈且饱有力度的芳香，陈年能力非常之强。

力度、颜色与结构

波玛镇（Pommard）共有340公顷的葡萄种植地。这里曾是罗马人居住的旧地，位于博讷镇南部。当我们行驶在那条通向奥顿镇（Autun）的曲折山路上时，恰好可以经过伏尔耐（Volnay）及蒙蝶利（Monthélie）酒园。波玛镇中的葡萄种植地之前都属于修道院，后来落入了王公贵族的手中，如今各大酒商纷纷而至，挥起了酿酒大旗。波玛镇出产的红酒可谓相当出色，就连法国大文豪维克多·雨果都对其青睐有加，法兰西国王亨利四世以及路易十四也都钟情于这里的葡萄酒……波玛，这无疑是勃艮第地区最为知名的名字了。应该说，这里的葡萄种植园面积广大，产量也比较丰厚，产自此处的葡萄酒名声出乎意料地响亮。在产地取名法案出台之前，这里的葡萄酒一周内在世界范围（特别是在英国）的售出量甚至超过了镇中10年的葡萄酒产量。

由于波玛镇的面积相当大，所以，出产自这里的葡萄酒也都独具个性，并不完全相同。但是总的来说，波玛红酒力度雄厚，酒裙颜色呈暗红，有时接近深黑色，酒体结构坚实，芳香馥郁且集中，长期储存或经历长途运输都没有问题。不过就像刚才所说的，每家酒庄所产的波玛红酒都有着自己的特色，都有着自己精确的、与众不同的个性。波玛镇中大概有30几个一级葡萄园（波玛镇中没有特级葡萄园），其中最好的几个包括：艾普诺酒园（Épenots），这里所产的葡萄酒被公认为酒香最浓郁；鲁吉安酒园（Rugiens），这里的酒酒体相当结实雄浑；阿尔及里埃尔（Argilières）酒园，其酒感觉缥缈清幽；夏伯涅（Chaponnier）酒园，其葡萄酒令人难以忘怀。费尔南德·乌塔兹（Fernand Woutaz）就在自己所著的《法国葡萄酒地图》（*Atlas des vins de France*）一书中解释到："虽然波玛葡萄酒那

我们说波玛红酒是一种冬日里的葡萄酒，它酒体坚实集中，是搭配红肉或红酒洋葱烧野味的不二之选。

波玛镇位于从博讷镇通往奥克赛·杜莱斯镇（Auxey-Duresse）必经之路的路边，这里是博讷丘地区知名的葡萄酒产区，一片片房屋那大大的屋檐仿佛诉说着古老的风俗。

被众人追捧的火热名声在国外相当响亮，但是一支典型的波玛葡萄酒所具有的特点并没那么复杂。它力度强劲，酒体结构和谐，比起博讷丘地区其他产区的红酒来说单宁气息有点儿强（甚至是有些浓重），因此就需要在瓶中经过数年才能彰显其丰满的个性。”

波玛镇中种植的黑皮诺葡萄均属优质品种，一粒粒葡萄果实通体透着暗暗的紫色，全部用于酿造勃艮第特有的高品质红酒。艾培诺酒园（Clos des Épeneaux）（不要与艾普诺酒园混淆）则赋予了波玛红酒更完美的诠释，而这一切都要归功于阿尔芒伯爵酒庄（Domaine Comte Armand）的年轻魁北克酿酒师帕斯卡尔·马尔尚（Pascal Marchand）。知名酒评家米歇尔·贝塔纳曾说过：“这位酿酒师可以说促进了酿酒文化的发展，而艾培诺酒园也成了现代黑皮诺葡萄酿酒的世界典范。由此地酿造的葡萄酒有着惊人的丰满度与坚实的酒体，处处彰显着波玛镇独特的风土特征，闪烁着耀眼的光芒。”波玛红酒是一种强悍、集中又厚实丰满的酒，我们一般会把它称为“冬日里的葡萄酒”，因为在严寒的冬季，吃着美味的红肉或是红酒洋葱烧野味，再搭配上这种酒，当真是绝妙的享受。

神秘的佳酿

粗犷地势上这硬线条的土地沐浴在并不温柔的气候下。葡萄果农们把这里开辟成了美轮美奂的梯田，一片片葡萄攀缘而上，孕育出了柔润至极的美酒。

在著名的小说《七宗罪》（*Les Sept Péchés capitaux*）中的暴食罪一章中，作者欧仁·苏（Eugène Sue）虚构了这样一个场景：一个议事司铎饮食俱废，眼看着一天天地消瘦下去，一天，他遇见了一个神秘的好胃口先生，这个人给了他一个药方，其实就是一份相当奢华的菜单，并嘱咐他一定要完全遵守。药方是这样的：“喝一杯或两杯从酒桶中直接取出来的波尔图红酒，而这酒桶必须是从里斯本（Lisbonne）大地震后狼藉的瓦砾中发掘出来的。喝的时候要感谢这上天赐予你的神奇解药，并且将杯中的酒一滴不剩地喝干净。”不错，波尔图红酒作为葡萄牙的国酒确实堪称一种神秘的液体，而其中飞鸟堂（Quinta do Noval）所出产的这种酒无疑是最美的一支，而飞鸟堂也当之无愧为杜罗河（Douro）一带最著名的一家酒庄。那儿美丽的景色以及复古的风格都令人无限向往。

产自飞鸟堂酒庄的波尔图红酒可以说相当稀有珍贵。这种酒有着成熟水果特有的诱人芳香，其间还缥缈着热烈的香料以及香醇的巧克力气息，抿一点儿入口，那美妙的滋味会在口腔中缠绵好几分钟。飞鸟堂酒庄的产酒中，1931 年份可谓是标志性的，1988 年的一支酒被拍到了 30 000 法郎的高价。这散发着曼妙香气的酒如同暗黑色的墨水一般，如果想要品尝它，最好提前一天打开醒酒。凑近它闻一闻，那难以置信的集中感一下子喷薄出来，陡然进入你的鼻腔。尚代尔·勒库蒂（Chantal Lecouty）在书中写道：“这里的土地崎岖粗糙，气候与地势也显得如此粗犷……正是这样一个地方却酿造出了美妙绝伦的波尔图红酒，多像个奇妙的悖论啊。没错，如此坚硬的山谷孕育出了这样柔情似水的美酒。”

每次在灌装葡萄酒之前，这些称为“pipe”（盛酒的大桶）的酒桶都需要经过细致的清洗。

莫卡多尔园红酒称得上是西班牙知名的佳酿，从葡萄选种到艰辛的葡萄种植与收获，还有最后精益求精的葡萄酒酿造过程塑造了这独一无二的美妙琼浆，这种酒在酿造时必须放在酒桶中经过很长时间的陈化。

大气磅礴的华丽之酒

普里奥拉多地区是孕育出莫卡多尔园红酒的摇篮，这里的土地相当抗侵蚀，位于坡地上的园地面积超过了15%。

正是葡萄根瘤蚜在法国的肆虐使得雷昂·巴比埃（Léon Barbier）来到了西班牙。来西班牙之前，他在法国的沃克吕兹省（Vaucluse）有一个很大的葡萄酒庄，名字就叫莫卡多尔（Mogador）。来到西班牙后，他寻求着他在法国未能实现的梦想，1880年，终于在加泰罗尼亚（Catalogne）濒临地中海的塔拉戈纳省（Tarragone）创建了自己的葡萄种植园。此后，他的儿子、孙子、曾孙子一直在延续着家族的传奇。从这里出产的酒不温不火，每一支都有着优良的品质。1978年，巴比埃家族的后辈在法定产区普里奥拉多（Priorato）购得了一块生长着歌海娜葡萄的土地，于是，在西班牙的土地上，就有了如今的莫卡多尔园（Clos Mogador）。

这是一块位于山麓上的土地，有点陡峭，地势结构相当粗犷无章，土壤也相当贫瘠，甚至缺乏葡萄生长的充分养料。可想而知，这里的收成少之又少，再加上粗暴又干燥的气候条件，可以说，在这里耕种真是难上加难。不过，从这里酿造的酒中我们可以感到一种莫名的独特感。它们大气磅礴，甚至有些粗糙，彰显着自己独特的个性。酒庄如今的庄主勒内·巴比埃三世（René Barbier III）（他的名字与其父亲一样）成功地把祖辈创造出的酒塑造成了西班牙最为美妙与著名的佳酿。它们会在名贵的木桶中细细地慢慢陈化发酵。莫卡多尔园红酒有着很醇厚的颜色，近乎黑色，微微泛着暗紫色的光芒。嗅一下，一股黑色浆果好闻的气味冲入鼻腔，随后而来的则是烤坚果以及馥郁的香料香气。大气、奢华，入口之后，那浓郁的果香一下子蔓延开来，久久地停留在口腔中蒸腾奔窜。那坚实的酒体与厚重的单宁气息都使得这种酒成了一支长寿品种。您可以打开一瓶陈酿10年的莫卡多尔园红酒，搭配上一份红酒洋葱烧野兔来喝，那简直是神仙一样的享受。

征服一切的单宁气息

眼前这建筑带着浓郁的西班牙风情。在这里，一位激情满满的葡萄园主用其辛勤的汗水灌溉出了一支颜色深邃，酒体结构坚实完美的葡萄酒。

西班牙首都马德里以北150公里处是卡斯蒂利亚-莱昂（Castille-León）自治区。在这里，布尔戈斯市（Burgos）、塞哥维亚市（Ségovie）以及巴利亚多利德市（Valladolid）形成了一个三角形，而知名的杜罗河岸（Ribera del Duero）葡萄酒就产自此。在这里，亚历杭德罗·费尔南德兹（Alejandro Fernandez）的故事可谓家喻户晓，他是无数葡萄酒庄庄主的杰出榜样，他的激情、坚韧及不辞劳苦的态度都令人敬佩有加。他一直有一个梦想，就是种植高品质的葡萄来酿造最好的葡萄佳酿。在此之前，他当过工人、机械师、木匠，去法国负责介绍农机的讲解员……丰富的资历让他慢慢学会了如何利用和开发一切资源。1972年，也就是大约在亚历杭德罗·费尔南德兹40岁的时候，他终于买下了他的第一块地。如今，这位西班牙葡萄酒教父已经拥有400来公顷的葡萄种植园了，他的哈查园（Condado de Haza）以及宝石翠古堡（Pesquera）在世界都享负盛名，酒庄出品的杜罗河岸葡萄酒更是堪比贝加·西西里亚酒庄（Vega Sicilia）所产的那西班牙国宝级的名酒。

自15世纪以来，人们便在这一区域酿造顶级的葡萄酒。这种酒口味炽烈强劲，需要在地下酒窖中经过漫长的陈化。一般来说，酿造这种酒的习俗是在酿造过程中不会将里面的渣滓清出，并且还要向其中加入再次收获的葡萄，当然，压榨出的果皮和籽也不去除。

亚历杭德罗·费尔南德兹就如同一个不知疲倦的创造者，他的激情自始至终那样饱满。在他的领导下，酒庄建了一间巨大的酒窖还有两个摆满了酒桶的酒库。杰纳斯特级陈酿葡萄酒（Janus Gran Reserva）可以算是酒庄的镇园之宝，这种酒有着浓浓的单宁风味，打开瓶塞，一股混杂着香料气息的咖啡芳香飘扬而出，用其搭配野味堪称绝佳。陈藏10到15年的酒会相当出色，酒呈深邃浓稠的紫色，散发着美妙的小浆果芬芳，细细嗅来，烟草与皮革的性感气息也悠悠然地荡漾开来。

西班牙红酒圣品

旧卡斯蒂利亚那特有的粗犷风景中，屹立着当年卡斯蒂利亚让娜女皇（Reine Jeanne de Castille）的城堡，这位女皇又被称为“疯子让娜”（Jeanne la Folle），这座城堡看上去相当质朴，却也不失恢宏之气，正象征着这独一无二的葡萄酒的个性。

西班牙著名诗人安东尼奥·马查多（Antonio Machado）曾描绘过这样一幅美景：“一片片山丘颜色灰白，块块紫色的岩石装点在银制般的山坡上，杜罗河在其间婀娜地摇动着自己曼妙的身姿……”。这幅景象所描绘的正是贝加·西西里亚酒庄，产自该地的葡萄酒可谓是西班牙经典佳酿的“唯一”典范。1864年，唐·埃洛伊·莱坎达·伊·查维斯（Don Eloy Lecanda y Chaves）创建了酒庄，他是来自西班牙北部港口城市毕尔巴鄂（Bilbao）的百万富翁，对波尔多红酒十分钟情。这片葡萄种植园原隶属于桑托斯·西西里亚（Santos Sicilia）家族，并且这片土地一直蔓延到贝加（Vega）谷地处的小丘上，于是便有了贝加·西西里亚这个名字。任何一个人，不管你是谁，当你在西班牙期望购买一小箱精美的贝加·西西里亚酒庄产的红酒，那么你不得不在一张申请单上登记，等待有一天酒庄给你一封预留信。但这也不意味着你现在就可以拿到那臻美的佳酿了，你还要等，直到酒庄的庄主告诉你酒准备好了，这才可以。

出产自贝加·西西里亚酒庄的葡萄酒的成熟过程相当漫长。首先，要把它置于型号各异的橡木酒桶中陈化，而后灌装酒瓶陈化，如此一来，才赋予了这种酒独一无二的个性。一般来说，贝加·西西里亚酒庄产的酒至少要存放5年才可以打开品尝。出名的贝加·西西里亚酒庄优尼科珍藏特级陈酿酒（Vega Sicilia Unico Reserva）的陈化过程相当长。它要静静地躺在那红砖砌成的阴凉酒库中度过至少10年的时间。总之，如果酒庄酿酒师认为这酒还没达到完美的成熟度。就不会出售。事实上，酒庄的哲学很简单：一瓶贝加·西西里亚酒庄所产的葡萄酒完美成熟的时候就是消费者打开它的那一刻，不能提前，也不能推后，这样的酒，嗅起来有一股胡椒混杂着其他香料的深邃且浓郁的芳香，随后蒸腾起来的是一种复杂的难以辨别的气息。

香气馥郁的葡萄酒

这些新木制成的酒桶不光可以满足葡萄酒缓慢的氧化过程，新木的香味还会与原本的酒香融合，带给葡萄酒绝妙的风情。

埃蒂安·卡慕赛（Étienne Camuzet）称得上是黄金丘乃至勃艮第地区葡萄酒酿造领域极具威望的人物。20世纪初，他甄选到了一片风水宝地，那便是知名的伏旧园中最好的几块地，目的就是酿造出沃斯讷-罗曼尼地区无可比拟的美酒。埃蒂安·卡慕赛膝下只有一个女儿，后来女儿更是没有孩子。于是，酒庄便交给了表亲让·梅欧（Jean Méo）打理。但是让·梅欧对葡萄酒酿造并没有很大的兴趣，他把葡萄园分割成一块块租给葡萄果农耕种，作为交换的就是果农们的部分劳动收成。而让·梅欧则继续着自己热爱的石油事业，在巴黎管理着Elf（Essences et Lubrifiants de France，法国汽油及润滑油公司）或主持着哈瓦斯集团（Havas，全球6大广告和传媒集团之一）的工作。如今管理着酒庄的是让·梅欧的儿子让-尼古拉·梅欧，而辅佐他的贤臣则是有着勃艮第红酒教父之称的亨利·贾伊尔。在贾伊尔的教导下，让-尼古拉·梅欧吸收了不少葡萄酒酿造技艺的精髓。在这里，葡萄酒会灌入新木制成的酒桶进行陈化，灌装进酒瓶的时候不经过过滤或澄清，除非情况特殊。梅欧-卡慕赛酒庄（Domaine Méo-Camuzet）出产的名酒不少，如伏旧园红酒、沃斯讷-罗曼尼红酒、考尔通红酒以及夜-圣-乔治红酒，等等。不过众多佳酿中，只有里什堡（Richebourg）红酒能够完美地再现这片土地的风土特点。酒庄一直以来对葡萄，这一酿酒的重要原料都尊敬有加，把红酒也是当做有生命的实体来对待。产自这里的里什堡红酒将酒体的坚实与细腻完美地结合在一起，芳香与口感都相当集中，酒香相当浓郁，与甜润多汁的琼浆混合在一起，入口之后似丝绒又似丝绸的滑腻感在口腔中慢慢流动，把馥郁炽烈的香气带给每一个味蕾。

为了酿造品质独一无二的里什堡红酒就必须限定产量，而在这方面，梅欧-卡慕赛酒庄做得相当严格到位。

勃艮第葡萄种植园的历史估计可以追溯到罗马人时期，所以罗曼尼这个名字便不言而喻了。

动人心弦的充盈感

这种酒会给人一种深邃且丰满的感觉，口感甜润圆滑，入口细腻得如天鹅绒一般，肥厚的质感在入口的瞬间充斥口腔，那独有的复杂香味也会随之蔓延开来。

说起罗曼尼（La Romanée）可能大家都不会陌生，它不足1公顷，却是夜丘沃斯讷-罗曼尼地区知名的葡萄酒产区之一，也是其中面积最小的。它像众多产区中的皇后一样，地位极高。在地理位置上，罗曼尼与罗曼尼-康帝仅有一路之隔。虽然这两片产区离得很近，名字也很像，但是出产的酒区别很大。俄国著名酒商亚历克西斯·利希纳在自己所写的《葡萄酒大百科全书》（*Encyclopédie des vins*）这样区分道："在沃斯讷（Vosne），我们一般认为罗曼尼产的酒较之罗曼尼-康帝产的酒少了些许细腻与华贵。可以说，罗曼尼的酒更有力，但在细腻度上有些欠缺。"

朱斯特·里基尔-贝莱尔（Just Liger-Belair）拥有罗曼尼大约有半个世纪之久。在他去世后，这仅仅84.52公亩的土地所酿出的酒也成了沃斯讷-罗曼尼堡房产公司的垄断酒品。在1993年版的《阿歇特葡萄酒指南》（*Guide Hachette des vins*）一书中，我们可以读到关于1990年份罗曼尼红酒的几行文字："可以说，这款酒是世界上最扣人心弦的一款，所用的葡萄是朱斯特·里基尔-贝莱尔生前收获的最后一批。1990年份的罗曼尼红酒，它是多美啊。它在你的眼前闪烁着光芒，糖渍般的香气很缥缈，就像你在教堂中可以闻到的某种芳香，那是一种象征着永恒的香气。它绝对是不可多得的尤物，值得收藏。"

好酒不是凭空出世的，它必须有个优秀的酿酒师来打造，这款酒也一样。在这里负责葡萄耕种、收获、压榨与发酵的人是一个相当审慎的人，他叫雷吉斯·富瓦雷（Régis Forey）。1995年9月出版的著名美食杂志《高尔-米卢》曾在年度酿酒师一栏中介绍过他。如果说罗曼尼红酒属于沃斯讷-罗曼尼堡房产公司，那么雷吉斯·富瓦雷就是租种他们土地的人。按照合约他可以保留50%的收成，不过酿出的葡萄酒必须交付给宝尚父子酒庄（Maison Bouchard Père & Fils），如今这家父子庄已经由约瑟夫·昂里奥（Joseph Henriot）收购了。

完美平衡的奥秘

罗曼尼 - 康帝葡萄酒这一稀世珍酿相当供不应求，所以酒庄采取了一种搭售的方式，如果你想买到一瓶罗曼尼罗曼尼 - 康帝葡萄酒，就必须先购买一箱酒庄出产的其他的葡萄酒。

在武弗雷镇与伏旧镇之间，有一片被命名为罗曼尼 - 康帝的土地，面积不大，只有 180.5 公亩。这片葡萄酒产区完全属于罗曼尼 - 康帝酒庄，而罗曼尼 - 康帝葡萄酒也当之无愧的为一支垄断型酒。从 1942 年起，酒庄由德 · 维莱纳家族与勒罗伊家族共同管理经营。两大家族配合默契，酿造出的罗曼尼 - 康帝葡萄酒则完美地证明了这出色的配合，当然，离不开的还有此地独特的风土，优质的葡萄品种以及气候和地理位置。作为酒庄的合伙管理人，奥贝尔 · 德 · 维莱纳（Aubert de Villaine）认为这里的地理以及微环境都与周围的地方有着小小的不同，比如附近的里什堡。另外来说，此地的土壤层很厚，并富含质地细腻的黏土，这使得土壤的排水性能相当好。这一切都仿佛黄金分割率一般的和谐，把生长在这里的葡萄和土壤紧密地维系在一起。说到这里的葡萄，那就必须要提到圣 - 维望（Saint-Vivant）修道院的克吕尼（Cluny）修士们。正是他们第一次在勃艮第发现了这块风水宝地，从 12 世纪起，他们便在这里种下了最优质的黑皮诺来酿造佳酿。事实上，说这里的土壤带着某种神秘的气息一点儿也不为过。这里的土地中所包含的一切都好像是一种独一无二的成分，任何其他地方的土壤也无法将之模仿，而酿造出来的酒也如是秉承着土地赋予它的个性，难以比拟。

时光荏苒，自 13 世纪以来，酒庄经历了 9 次转手，唯独不变的是那传奇般的美妙佳酿，它如同“天鹅绒与绸缎”的结合，惹人喜爱。其实这块葡萄种植园原本的名字中并没有“Conti”（康帝），之所以如此命名，就要说到庄主之一路易 - 弗朗索瓦 · 德 · 波旁（Louis-François de Bourbon，人称康帝亲王）。他与路易十五关系甚好。那时，朝中还有一位呼风唤雨的人物，那就是路易十五的情妇蓬帕杜夫人。竞争这座酒园的正是这两位显赫的人物。1760 年，路易 - 弗朗索瓦 · 德 · 波旁以高价竞得了这座连路易十五都喜爱有加的酒庄。

1945 年，罗曼尼 - 康帝经历了第二次浩

石头搭砌的矮墙让人无法与美观联想到一起，然而正是这片朴素矮墙内的神秘土地缔造了传奇的罗曼尼 - 康帝葡萄酒。几个世纪以来，它一直都在延续着自己的传奇。

罗曼尼 - 康帝酒庄的秘密就深深隐藏在这大门的背后。上图中我们可以看到两瓶酒庄的杰作正静静地屹立在伏旧园的屋顶上，深沉的望着不远处缔造它们的土地。

劫，之前的一次还是 19 世纪时葡萄根瘤蚜的侵害，而这次的危机更是使之前修士们留下来的葡萄老藤遭受了灭顶之灾。然而，这一切并没有阻止罗曼尼 - 康帝酒庄发展的脚步。如今，一切仍在有条不紊地延续着，酿造出的琼浆仍旧彰显着酒庄独特的风土、完美的高贵气质以及悠久的历史底蕴。1986 年，奥贝尔 · 德 · 维莱纳开始对全园的葡萄种植使用生物耕种法。这一方法与生物动力种植栽培法有着异曲同工之妙。罗曼尼 - 康帝葡萄酒是一种相当稀有的佳酿，原因是园中的葡萄产量相当有限，每公顷大概有 30 公石的产量，这样一来，一次收获的葡萄大约可以产出 6000 瓶葡萄酒，而稀缺也势必造成价格奇高。事实上，罗曼尼 - 康帝葡萄酒以沃斯讷 - 罗曼尼地区的产酒为原型。但是不少人都认为，前者是沃斯讷地区最为甜润的葡萄酒，这传奇般的葡萄酒有着无与伦比的细腻感，任何其他葡萄酒都难以比拟。知名酒评家米歇尔·多瓦曾这样描写：“这种酒有着完美的平衡感，那醇厚丰满的质感让人难以用语言形容。它虽然华贵，却并不招摇，那充实的感觉相当绝妙。它芳香深邃多变，有着动人的紫罗兰气息。酒裙呈剔透的红宝石色。”

几个世纪以来，罗曼尼 - 康帝酒庄一直都是勃艮第地区最为璀璨的遗产，产自该酒庄的葡萄酒也是无与伦比的。它充盈缥缈的气息、如丝绒般细腻的口感和入口后久久难以退去的回味都向人们证明了这支酒是这世界上最为尊贵的。

在沃斯讷 - 罗曼尼地区上古建造的酒窖中，一排排橡木制成的木桶整齐地排列着。

圆润又充盈的红宝石

图中这瓶拉·塔希葡萄酒曾参加过1995年4月8日在美国纽约举办的稀有顶级名酒拍卖会。

在沃斯讷-罗曼尼地区知名的几个产酒园中，拉·塔希（La Tâche）也有着响当当的身份。这片园区原本仅有1.5公顷，介于大街园（Grande-Rue，也是夜丘地区的特级葡萄园）与马尔贡索园（Malconsorts，一级园）之间。不过后来在被收购的时候，又将毗邻的葡萄园一并囊入其中，也就有了现在的6公顷园区。这里的土地富含石灰质与铁质并且排水性相当好。生长在这里的优质葡萄也是历史悠久，由几个世纪以前的圣-维望修道院克吕尼修士种植于此（园区近旁的里什堡园区中的葡萄则是由西多会修士种植的）。关于酒庄为什么取名为“La Tâche”（“tâche”在法文里是“工作，任务”的意思），我们不得而知，或许这与当时工人们获得酬劳的方式有关，工资是按照任务数量结算，而不是按照小时结。

拉·塔希酒庄与罗曼尼-康帝酒庄的关系甚为密切。罗曼尼-康帝是酒庄中的顶级园区，所产出的葡萄酒也是垄断级别的，此处独有。1942年，罗曼尼-康帝酒庄由德·维莱纳家族与勒罗伊家族共同管理经营。在两家默契的合作下，缔造了知名且稀有的罗曼尼-康帝葡萄酒。它的颜色犹如透亮的红宝石，口感卓绝，无可匹敌。作为它的姊妹酒，拉·塔希葡萄酒不仅具备酒庄中众多园区（罗曼尼-康帝酒庄、罗曼尼-圣-维望酒庄，依瑟索酒庄，大依瑟索酒庄以及里什堡）的共有特色，同时也有着自己独特的个性。一般来说拉·塔希葡萄酒更为灵动、深邃，它圆润丰满且充盈的口感是其他葡萄酒无可比拟的。

这被风雨侵蚀斑驳的十字架上布满了青苔，它所俯瞰着的正是罗曼尼-康帝酒庄。

金钟堡葡萄酒口感肥厚丰润，颜色深邃，当之无愧为圣-埃米隆产区的特级葡萄酒，其芳香丰满卓绝。那种集中的感觉对人的感官相当有冲击力。酿造葡萄酒所用的品丽珠、鹿洛葡萄和赤霞珠葡萄都将自己最优秀的一面体现得淋漓尽致。

性感宜人的集中感

20 世纪初的时候，莫里斯 · 德 · 布阿尔 · 德 · 拉弗莱斯特（Maurice de Boüard de Laforest）买下了这块名声享誉全球的酒庄，而酒标上印制的就是我们十分熟悉的那只庄严的金色撞钟。1955 年，金钟堡（Château Angélus）被评为圣 - 埃米隆地区的特级酒庄。金钟堡所出产的酒总被人们称为“坡脚酒”，因为它位于圣 - 埃米隆南坡脚下，面向利布尔讷市。如今，酒庄的第三代传人执掌着这面积中等的酒庄。25 公顷的土地上一半的葡萄都是品丽珠葡萄，其余还种植着 45% 的梅洛葡萄和 5% 的赤霞珠葡萄。20 世纪 80 年代，酒庄传人于贝尔·德·布阿德（Hubert de Boüard）和他的堂兄让 - 贝尔纳尔·葛尼（Jean Bernard Grenié）怀揣着对葡萄酒酿造事业的热诚与激情，开始酝酿并实行一项大胆创新的政策，把酒庄的葡萄酒打造成杰出的高档名酒。他们对各项操作和技术不断反思和探索，使金钟堡葡萄酒在跻身顶级庄园名酒的过程中仍能保持自己完美的个性。酒庄近几年所出品的几个年份的酒颜色极为浓郁，酒裙呈相当鲜明的紫色，打开瓶塞后，那馥郁的芳香也是十分醇厚，饱和度很高。整支酒都带着性感宜人的集中气质，酒香中散发着富有异国风情的果香，夹杂着淡雅的木香以及摩卡咖啡美妙的气息。细闻之下，那里面还激荡着橡木、青草、烟草以及烤坚果的芬芳。另外，此酒的陈年能力相当雄厚。知名酒评家罗伯特 · 派克就十分青睐金钟堡酿造的红酒。他曾品尝过 1994 年份的酒后写道：“这酒的个性如此醇厚绵密，而这种独特的个性在感官上就可以清楚地感知。它是那样地平衡，有着大气与有力的风格。这绝对是一支伟大的红酒，它那丰满的气度、强悍的力度都毫不夸张地彰显得淋漓极致。”

一支考验耐性的卓绝之酒

奥松堡每年的平均产量大约为 27 000 瓶。

提到奥松堡（Château Ausone），不得不说的一个人就是拉丁语诗人奥松（Ausone，除了作诗撰文，他还留下一篇关于牡蛎养殖的研究文章）。这位诗人生于公元 310 的布尔迪加拉（Burdigala，也就是如今的波尔多），他不做执政官后所隐居的地方大约就是如今的圣 - 埃米隆地区。这位诗人是一位葡萄酒爱好者，在他的诗歌中关于葡萄酒的语句比比皆是。同时他还开拓了不少葡萄种植园，当之无愧为波尔多葡萄酒发展史上的先驱。如今我们所看到的这个以他名字命名的城堡，据说就是他的故居，位于圣 - 埃米隆产区南部的小山上。从这里向下望去，绵延的葡萄田景观甚是漂亮。该园所在的小丘地势比较陡峭，所种的葡萄均属老枝，一半为品丽珠葡萄，另一半为梅洛葡萄，两者完美地互补着。这里一直都是片神奇的土地。奥松堡真正的葡萄种植园大约诞生于 18 世纪末，由多块土地整合而成。让 · 冈特纳（Jean Cantenat）原本只是一个小有名气的箍桶匠，在圣 - 埃米隆地下采石场的附近有一小块葡萄园。1770 年，他与让娜 · 沙托内（Jeanne Chatonnet）成婚，而后者从自己家族继承了相当丰厚的遗产。1781 年，让 · 冈特纳开始着手在之前我们所说的诗人奥松故居的这片土地上修建城堡。竣工的城堡被命名为“奥松堡”。不过在此后的很长一段时间，让 · 冈特纳主持酿造的葡萄酒所用的名字并不是奥松堡，而是“玛德莲娜的冈特纳酒园”。

这座以诗人奥松名字命名的城堡是圣 - 埃米隆地区最为古老的城堡之一，其葡萄种植园诞生于 18 世纪末。

奥松堡的葡萄种植园在众多特级酒庄中堪称稀有，长久以来都隶属一个家族。如今，该酒庄由沃提埃（Vauthier）家族掌管。而这一历史悠久的酒庄，享有着卓绝的名誉，也成为众多葡萄酒爱好者来到圣 - 埃米隆产区的

奥松堡位于圣-埃米隆南部，葡萄种植园中的葡萄一半为梅洛葡萄，另一半为品丽珠葡萄。

城堡下面是一个古老的地下采石场，这个采石场相当大，如今已经成了硕大的地下酒窖。经历了4个世纪风雨的巨石小心呵护着窖内的美酒，让它们慢慢变得成熟、有力与细腻，更为他们穿上深紫色的衣装。

葡萄酒圣城波尔多时所必须参观的目的地之一。

奥松堡的葡萄种植园（面积很小，不超过 7 公顷）面向正南，可以很好地躲避开北面所吹来的风。硕大的城堡下面就是之前废弃的地下采石场，如今已经开辟成了地下酒窖。这饱经 4 个世纪沧桑的巨大岩穴相当凉爽干燥，十分适于存放酿制好的葡萄酒。奥松堡葡萄酒的产量相当少，可以说是稀缺，于是，其价格也是居高不下，深受那些追求品质的行家里手青睐。可以说，奥松堡的葡萄酒有着一种文人气息，它芳香复杂，在其年轻之时会显得有些质朴。不过，这是一支考验你耐心的酒，也是一种需要有足够耐心才能酿造出来的绝世佳酿。

奥松堡红酒可以说是完美无瑕的。它力度深厚，甚至有些盛气凌人；酒体结构坚实，带着男子的阳刚有力；酒裙的颜色就好像美丽的石榴石一般。打开瓶塞，美妙的香气静静地绽放开来，最终变得炽烈火热。奥松堡红酒的声誉在圣-埃米隆地区由来已久，相当深远。其微妙的灵动感与细腻感，加上它那醇厚与柔润的质感都使得这酒幻化成不朽的传奇。特别值得一提的是，随着时间的推移，这种酒会变得越来越美味，所以，如果您想要品尝它那特有的果酱及松露芳香，就必须有足够的耐心去等待它一点一滴的变化。

如果说奥松堡红酒尚年轻的时候会让人感觉过于质朴尖刻，仿佛那酒香和美妙的口感要好久才会如花一般绽放，那么，时间就是最好的催化剂。随着时间的流逝，它会慢慢变得火热，彰显自己独有的高贵，散发自己的澎湃大气。

向卓越挑战

让·福尔可 - 罗萨克（Jean Fourcaud-Laussac），该家族从1853年到1998年一直掌管着白马堡。

白马堡与之前我们所提到的奥松堡一样，是圣 - 埃米隆地区的特级A等酒庄，位列奥松堡之南。它并不位于那片拥有最好风土的小丘或峭壁处，土地上多出了许多碎石与沙砾，还夹杂着软泥，总的来说并不是种植葡萄的绝佳土壤。但是，面向波美侯产区的方向，土壤开始变得细腻，小石子夹杂着黏土，那是一种相当细的黏土。一直向下蔓延到心土层。这片土地上诞生了知名的白马堡（Château Cheval Blanc）葡萄酒。白马堡的建立相对来说比较晚，大约在1852年。从建园之初一直到1998年，酒庄一直归福尔可 - 罗萨克（Fourcaud-Laussac）家族所有，1998年后被阿尔贝尔·弗莱尔（Albert Frère）以及贝尔纳德·阿尔诺所收购了。

除了种植园土壤的复杂性以外，这家酒庄的新颖之处还在于其酿酒用的葡萄的本性与使用比例上。在这里，人们在酿酒的时候加入大量的品丽珠葡萄，而后加入的是梅洛葡萄——波美侯地区的葡萄之王，最后还有一点点马尔白克葡萄。风土、人力及绝佳的葡萄品种，正是这3个关键因素缔造出了这芳香宜人、口感甜美的葡萄酒，一般陈藏8到20年后会达到巅峰。虽然白马堡葡萄酒是最深得人心的葡萄酒之一，不少葡萄酒收藏者都对它可谓垂涎三尺，但是，其出乎寻常的个性还是使得有些人说它不是一支正统的圣 - 埃米隆产区葡萄酒。关于这支酒的独特性，著名俄国酒商亚历克西斯·利希纳曾这样具体的解释过："共有3个关键决定了白马堡葡萄酒的成败。其一我们可以归功于波美侯，因为白马堡生长着葡萄的园地毗邻于波美侯产区；其二我们归于格拉夫，因为生长着葡萄的这片土地上一如那里遍布着小小的卵石；其三才归到圣 - 埃米隆风格上。这3点全结合起来就缔造了这种甜润且生机勃勃的美酒。"

相比较梅多克地区那气势恢宏的城堡建筑来说，圣 - 埃米隆和波美侯地区的建筑更为质朴简洁，甚至有些许家庭气息。

1956 年经历了可怕的霜冻侵袭后，白马堡酒庄的葡萄种植园一直撑到 1960 年才勉强恢复正常产量。

100 多年来，福尔可 - 罗萨克家族一直执掌着白马堡。1878 年，庄园在巴黎酒展中获金奖，名声大振。自此以后，该酒庄出品的红酒都名列众酒之榜首。

酒庄为什么叫做“白马堡”呢？相传酒庄的原址是家驿站，当年人称好国王的亨利四世曾在这里歇过脚，而他所骑的马正是身披白袍，于是也就有了这个名字。如今，酒庄主体建筑的周围环绕着郁郁葱葱绿茸茸的花园，再放眼望去，周边的葡萄田中，一排排葡萄整齐地生长在那片土地上，美丽且恬静，仿佛一幅美丽的风景油画。

从 1991 年起，皮埃尔·卢顿（Pierre Lurton）掌管着白马堡。他来自波尔多第一大葡萄酒家族，深信传奇酿酒师埃米尔·佩诺（Émile Peynaud）所说的高品质的葡萄酒不经人为干预便已经存在于这世上，相信这是面对伟大且神秘的自然所由衷表达出来的一种谦逊。皮埃尔·卢顿认为他自己的角色就是引领事物的自然发展，通过一年又一年的观察，评价每块土地的潜能，最终决定哪块土地生长的葡萄是最优的。然后，就是把酒灌注在新制的橡木桶中任其自然变陈。如此一来，就有了这口感与芳香都丰满大气、细密甜润的白马堡葡萄酒。它有着美妙的果香，口感极为细腻美味，仿佛柔美的丝绸。特别值得一提的是，该庄园的葡萄酒有着一种独特的能力，就是不管新酒还是陈酒，都一样地令人着迷。建庄直到现在所酿造的葡萄酒中，1947 年份的白马堡葡萄酒堪称杰作。它质地醇厚，光是那浓郁的芳香闻上一口就让人迷醉，那芳香好像带着肉欲的挑逗，丰满又温柔。与其说它是产自波尔多的酒倒不如说它是波尔图的美酒，因为它的特性更偏向于波尔图所产的红酒……可以说，白马堡葡萄酒是圣 - 埃米隆产区最为著名的葡萄酒，任何人都不会质疑它至高无上的地位。

力度、平衡与醇美

亨丽埃特·富尔涅经过了常年不懈的努力赋予了卡依堡葡萄酒独有的个性，使它在圣-埃米隆这片土地上脱颖而出。

起初，酒庄并不叫“Canon”，而是“Kanon”。美食家尼古拉·德·拉波迪在其所著的《梦幻的葡萄酒》一书中曾介绍到：雅克·卡依（Jacques Kanon）原本是名水手。而且是有点海盗性质的水手，习惯了在海上漂泊的他于1850年在这间位于乡间的巨大建筑中落脚，不过大约过了15年左右，他便把这块地卖给了一个利布尔讷市的商人。有些文献资料甚至还提到了一位“卡依骑士”（Chevalier Canon），因为与一些教士产生了些许纠葛而著名。另外，俄国酒商亚历克西斯·利希纳认为最初这家酒庄并没有什么特色，卡依堡的真正腾飞还要追溯到两次世界大战之间那段时间。20世纪初，亨丽埃特·富尔涅（Henriette Fournier）这位堪比帕图斯堡卢巴夫人与碧尚女爵堡兰翠珊夫人的葡萄酒女巨人将卡依堡收入囊中。正是有了她，这家酒庄才逐渐有了起色，形成了自己独有的特色。酒庄的葡萄园占地18公顷，部分被石墙隔开，属于圣-埃米隆产区，离玛德莱娜堡（Château Magdelaine）、奥松堡以及贝莱尔堡（Château Belair）都不远。卡依堡葡萄园所在的位置正是当初的采石场，很早以前人们从这里开采石料用以建造圣-埃米隆城。酒庄在富尔涅家族的手中一代代传承着，富尔涅夫人的孙子埃里克（Éric）缔造出了力度雄浑、酒体集中平衡、口感醇美却并不闷重的卡依堡葡萄酒。这酒有着深邃的颜色，芳香馥郁密实，相当可人。富尔涅夫人一直推崇的口号是：“在顶级酒园卡依堡中，一切都是绝好的。”卡依堡的葡萄酒完全遵从传统方法酿制，完美地再现了当地的风土。他们秉承传统的做法随处可见，比如用马匹将收获的葡萄送去压榨。可以说，卡依堡在20世纪初所产的葡萄酒都相当稳定。1996年，酒庄被香奈儿集团收购，该集团手中还拥有著名的玛歌堡以及鲁臣世家堡（Château Rauzan-Ségla）。转手后的卡依堡酒庄内的酒库也被修葺一新。

日光下，城堡门前那高大栅栏的影子投射在院中布满沙砾的土地上，仿佛一幅永恒的画卷。

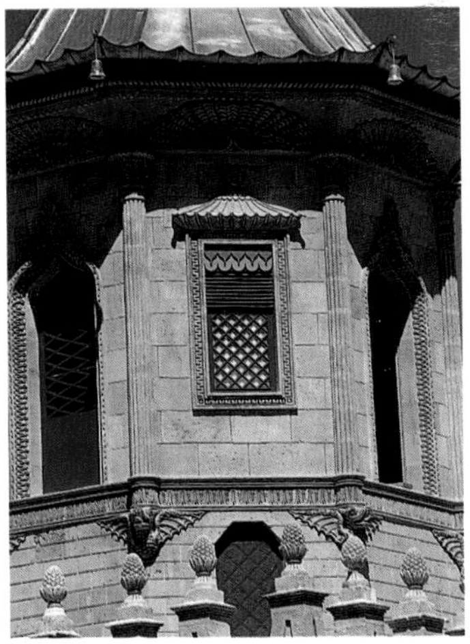

路易 - 加斯帕尔 · 爱士图尔所建起的这座城堡带着浓浓的“怪异”感，整体建筑都彰显着异域风情，轮廓精致优美。

蓬勃的古典主义

1838 年，当司汤达游历梅多克的时候，面对着带有土耳其风格的爱士图尔堡（Château Cos d’ Estournel）发出这样的赞叹：“这不是希腊风格也不是哥特风格，这建筑好像带着些许中国风，让人如此心旷神怡。”爱士图尔堡由路易 - 加斯帕尔 · 爱士图尔（Louis-Gaspard d’ Estournel）于 19 世纪初建立。和波尔多地区众多城堡相比，这座城堡显得有些“怪异”，雕镂精细的亭台楼阁、高耸的小塔带着飞檐。路易 - 加斯帕尔 · 爱士图尔还特别在自己的姓氏前加上了“Cos”来为城堡命名。“Cos”在加斯科尼语语中是“碎石小丘”的意思。20 世纪 30 年代，波尔多著名酒商皮埃尔 · 吉内斯泰（Pierre Ginestet）掌管爱士图尔堡时曾这样评价圣 - 埃斯代夫红酒：“这酒仿佛一匹壮实的佩尔什烈马，自信又有力。”布鲁诺 · 普瑞斯（Bruno Prats），玛歌堡庄主的孙子，他的第二个身份便是爱士图尔堡（如今的庄主为让 · 梅洛）及马布切堡（Château de Marbuzet）的庄主，同时他还是梅多克酒庄分级工会的主席。在他的管理下，爱士图尔堡的名声倍增，虽然在 1855 年，它才被列级为 2 等酒庄。酒庄葡萄种植园的风土相当好，里面种植的是梅多克地区的典型葡萄品种：60% 为赤霞珠葡萄，40% 为梅洛葡萄。著名历史学家皮埃尔·维耶泰在其所著的《葡萄酒图鉴》一书中这样写道：“此时此刻，我在品尝一瓶 1981 年份的爱士图尔堡红酒。可以说，我对这瓶酒有着一种难以根除的爱恋。深红如宝石的酒裙在杯中荡漾，这光芒好像是太阳发出的光线，跳动着，若隐若现。这是 1981 年夏天所特有的光芒……动物们骚动不安，甚至连蜥蜴都觉得浑身不自在一样，人们晃动着脑袋翕动着鼻翼。啊，那酒香的力度是多么的强劲啊！直到如今，从那只品过 1981 年份爱士图尔堡红酒的酒杯中我还能寻觅到淡淡的香草气息。”

远远看去，这如同浮屠的小塔建筑就是著名的爱士图尔堡。

完美的平衡

城堡正面那大气质朴的风格映射出酒庄的和谐与有条不紊。每年的2月份，酒庄中都会举办一次重大活动：玫瑰山庄品酒会。

1778年，埃蒂安-泰奥多尔·迪穆兰（Étienne-Théodore Dumoulin）从尼古拉·亚历山大·德·塞居尔手中买下了位于圣-埃斯代夫镇一块80公顷的小丘。从这片小丘上可以俯瞰800米以外宽阔的吉伦特河。起初，这里只是片荒芜的土地，遍地生长着欧石楠，开花季节，满山都是美丽的玫瑰色。所以，这块地的主人便自然而然地把其命名为“Mont Rose”（玫瑰山）。后来，埃蒂安-泰奥多尔·迪穆兰开始着手建造城堡，并一步步扩大葡萄种植园的面积。7年之间，葡萄园从仅仅6公顷扩大到35公顷。1855年，在酒庄评级中，玫瑰山庄（Château Montrose）成为了2级酒庄，庄中所酿造的美酒也一直传承至今。

经过在橡木制成的发酵槽中浸渍后，葡萄酒会被灌进酒桶存放到装瓶。

玫瑰山庄几经转手，其中掌管酒庄时间较长是沙墨路（Charmolüe）家族，管理酒庄近一个世纪。玫瑰山庄周围那庞大的葡萄种植园与酒庄内的城堡、酒库、酿酒间等建筑连成一体。来到这里，仿佛置身于美丽的乡野，一条条恬静的街道以酒庄历任庄主的名字命名。如今，酒庄68公顷的葡萄种植园仍用古法耕种，赤霞珠葡萄、品丽珠葡萄以及梅洛葡萄整齐地按照间隔1米的距离自北向南种植着，因为这样一来，阳光每天都可以全面地照射每一粒葡萄果实。玫瑰山庄所产的葡萄酒是一种极为平衡的酒，它也正以此制胜。棕红色透亮的酒体出奇制胜的细腻，细腻的同时又彰显着力度，又不失圆润。那浓郁的黑色果实香气一下子就会勾住你的心，其间还蒸腾出美妙的东方香料以及矿物风味，是不可多得的醇美佳酿。

绝佳的美酒必须要有耐心才能尝到，杜古－宝嘉龙堡最佳年份的红酒至少要经过50年的时间才能真正成熟，在品尝之前，需要提前1小时打开瓶塞醒酒。

细腻、持久与典雅

这恢宏的城堡中曾生活着博里家族。当时这硕大的花园般的院落中养着一群群的山羊与绵羊。值得一提的是，用杜古－宝嘉龙堡红酒搭配烤羊羔肉简直是不可多得的美味。

波亚克、玛歌、圣－埃斯代夫还有我们即将提到的圣－朱利安是梅多克地区重要的4大红酒产地。在众多葡萄酒爱好者的心目中，圣－朱利安出产的红酒集玛歌红酒的典雅与波亚克红酒的力度于一身。产自圣－朱利安的葡萄酒酒裙颜色更为深邃，口感也更加甜润，品尝起来不会过于肥厚，并且不需要等待很久便可以享用这美味的佳酿。

除了玛歌堡，任何一家酒庄的葡萄种植园也不会有杜古－宝嘉龙堡（Château Ducru-Beaucaillou）这样多石子的土地了。酒庄也是因此有了“Beaucaillou”（漂亮的石子）的称呼。后来一个姓氏为杜古（Ducru）的人又在酒庄的名字上加上了“Ducru”，以表明他是这家庄园的园主。杜古－宝嘉龙堡位于吉伦特河河畔的一座小丘边缘，与龙船庄（Château Beychevelle）葡萄种植园毗邻。20世纪50年代，酒庄在让－欧仁·博里（Jean- Eugène Borie）手中重生。大概在1941年，博里家族买下了这座城堡及其连带的所有葡萄种植园。当时50公顷的土地上种着赤霞珠葡萄（65%）、梅洛葡萄以及品丽珠葡萄。经过多年的精心呵护，特别是遵从了梅多克葡萄酒酿造大师埃米尔·佩诺的建议后，杜古－宝嘉龙堡从20世纪60年代起才越来越出众。酒庄酿造的葡萄酒结构完美，纯然天成，成熟与温柔的美味口感吸引着众多葡萄酒爱好者。杜古－宝嘉龙堡出产的葡萄酒堪称圣－朱利安红酒的典范，它口感细密绵长，是波尔多地区最为典雅的一支红酒。其中，1982年份的酒更是出类拔萃，不仅有着丰满的果香和温柔的绵润感。这一切都使得杜古－宝嘉龙堡这家圣－朱利安地区二级酒庄超越过了一级酒庄。这里的红酒有着动人的平衡与超脱的气质，甚至很多人都把它称作圣－朱利安的拉菲－罗斯柴尔德堡，可见其尊贵的气质。

沁人心脾的和谐感

来到雷奥维尔 - 拉斯 · 卡斯堡（Château Léoville-Las Cases），首先映入眼帘的便是那霸气的石制大门。大门的正上方盘踞着一只威风凛凛的雄狮。推开铁栅栏，后面便是绵延的葡萄种植园。葡萄种植园的尽头，是吉伦特河水天交接的地方，远远可以望见船只鼓起白帆缓缓前行。雷奥维尔庄园（Domaine de Léoville）面积相当广大，位于上梅多克（Haut-Médoc）地区，法国大革命之前被分割成了 3 块：雷奥维尔 - 拉斯 · 卡斯堡、雷奥维尔 · 波菲堡（Château Léoville Poyferré）和雷奥维尔·巴顿堡（Château Léoville Barton）。其中雷奥维尔 - 拉斯 · 卡斯堡占了老庄园约一半的面积，位于圣 - 朱利安的边缘，与拉图堡毗邻。直到 1900 年，这家酒庄都掌握在拉斯 · 卡斯侯爵（Marquis de Las Cases）手中。这位侯爵后来还创建了庄园的副牌酒，“小雄狮”（Clos du Marquis）。

1900 年，加布里耶·德·拉斯·卡斯（Gabriel de Las Cases）把自己手中的产权卖给了一个 50 个人组成的集团，此后执掌酒庄的便是泰奥菲尔 · 斯卡文斯基（Théophile Skavinski），一管就是 30 多年。随后，他的儿子和孙子，也就是德隆（Delon）家族井井有条地管理着酒庄。那由一只雄狮把守的酒庄大门威严地树立在那里，成了梅多克地区标志性的建筑之一。知名法国作家兼记者让 - 保罗·考夫曼在自己所写的《重识波尔多》一书中这样写道：“我相当钟爱雷奥维尔 - 拉斯 · 卡斯堡的大门，把它放在酒瓶的酒标上那绝对是明智的选择。这庄严的大门就好像凯旋门一般，巴黎的圣 - 马丁门（Porte Saint-Martin）和圣 - 丹尼斯门（Porte Saint-Denis）都不可与之相提并论。雷奥维尔 - 拉斯 · 卡斯堡的大门为我们开启的是梅多克地区最臻美的葡萄酒世界。站在大门前，一面扭曲的镜子在 8 月的月光下闪着寒光，

酒标上这威严的大门向人们昭示着这便是雷奥维尔 - 拉斯 · 卡斯堡酿造的葡萄酒。

直到 1790 年，如今我们看到的雷奥维尔 - 拉斯 · 卡斯堡、雷奥维尔 · 波菲堡以及雷奥维尔·巴顿堡还是一个庄园，归属于让·德·摩瓦提埃（Jean de Moytié），此后，他的女儿与一位雷奥维尔镇的领主联姻，而这位领主来自夏朗德省（Charente）。

圣 - 朱利安镇那尖尖的钟楼刺破苍穹，俯瞰着雷奥维尔 - 拉斯 · 卡斯堡那宽阔的葡萄种植园，而在另外一边，盘踞着雄狮的威严大门则永远镇守着这片圣地。

让人仿佛置身于乔治 · 德 · 基里科（Giorgio de Chirico）的油画中一样。那是一面由路与桥组合而成的流动的镜子。此刻这幅画面对于我来说充满了谜一样，空虚又充满无法抵抗的诱惑力。沐浴在蓝色的月光下，这景色就好像是梦境……这绝对是梅多克地区最值得欣赏的一处景色。我的朋友米歇尔 · 吉亚尔（Michel Guillard）把这片由雷奥维尔 - 拉斯 · 卡斯堡、碧尚男爵堡、碧尚女爵堡还有拉图堡组成的景致称为皇者的领土。”

如今，酒庄已经由让 - 于贝尔（Jean-Hubert）和米歇尔·德隆（Michel Delon）掌管。二人一直秉承着酒庄精益求精的美德。从 20 世纪 70 年代起，雷奥维尔 - 拉斯 · 卡斯堡所产的葡萄酒的地位就一直相当稳定，其中 1986 年份的红酒，特别是 1982 年份的酒都堪称绝佳，成了传奇酒品。雷奥维尔 - 拉斯 · 卡斯堡出产的葡萄酒质量上乘，是波尔多红酒中的绝佳之作。它酒裙颜色深邃，令人过目不忘，那细密的质感及醇厚的芳香都彰显着其绝美的本性。回味悠长、力道深厚、丰满、深邃，雷奥维尔 - 拉斯 · 卡斯堡葡萄酒就是如此。手工采摘下来的葡萄有着绵密的集中感，糖分也相当高。嗅一下，那芳香温柔美妙。酒庄所使用的葡萄绵延于 95 公顷的园地中，其中 65% 为赤霞珠葡萄，18% 为梅洛葡萄，14% 为品丽珠葡萄，还有 3% 为小维铎葡萄。有时候，雷奥维尔 - 拉斯 · 卡斯堡葡萄酒会给我们一种质朴的感觉，不过，它最突出的特点还是那沁人心脾的和谐感和充盈的力度。这里的酒之所以能在众多葡萄酒中出类拔萃，全要感谢德隆先生与其出色团队的严格要求与审慎。在葡萄的选择上，他们的标准近乎苛刻，大部分的葡萄都会被打进副牌酒，能够酿造正牌酒的葡萄只有一少部分，并且酒庄的酿酒方法也相当先进，葡萄酒会在橡木桶中存放 18 到 20 个月。

碎石之上的骄傲之作

带着中世纪风格的圣·圭托庄园大门安详地敞开着，一条小路径直通往庄园内部。

在意大利语中，“sasso”的意思是“小石头”，而“sassicaia”的意思则是“遍布石子、碎岩和卵石的地方”。种植在这里的赤霞珠葡萄来自法国波亚克最高耸的小丘上，没错，正是来自传奇的拉菲堡。不过，要说起这段历史的前因后果，还要追溯到20世纪50年代。

第二次世界大战末期，挚爱波尔多红酒的马里奥·因吉萨·德拉·罗切塔（Mario Incisa della Rocchetta）侯爵决定与家人一起在托斯卡纳的圣·圭托庄园（Domaine de San Guido）开辟自己的葡萄酒酿造事业。圣·圭托庄园在意大利的港口城市里窝那（Livourne）以南，面向地中海。在那里，他种了从拉菲堡庄主阿兰·德·罗斯柴尔德手中获得的葡萄，并用其酿造红酒。虽然我们深知意大利也是一个有着2000多年历史的葡萄种植与葡萄酒酿造大国，但是托斯卡纳地区一直都以不宜居住著称，人口较少，所以，那里的酿酒业在当时也不是很发达。

虽然世人都看不到那里葡萄酒酿造的潜力，但是，一颗新星从圣·圭托庄园诞生了。只不过，在众多名酒交相辉映的苍穹中，这颗小小的明星过了一段不短的时间才真正地明亮起来，因为最初的尝试并不足以让人信服。一些人（有可能是出于嫉妒或只是不习惯这不同寻常的口味）甚至断言这种酒简直没法入口！然而，面对这些负面评价，马里奥·因吉萨·德拉·罗切塔侯爵置之不理。50多年的时间里，他一直在那片位于广袤蓝天下的土地上辛勤地耕耘着自己的梦想，尝过他的酒的只有他的妻子、朋友和孩子。不少人都劝他不要这样固执，但是他都把这些当成耳边风，忘我地追寻着自己的梦。他的儿子，也就是如今掌管着圣·圭托庄园命运的人，终于劝服了父亲寻求一下自己酒品的销售口，而不是满足于在小范围

尼科罗·因吉萨·德拉·罗切塔侯爵如今只酿造一种酒，就是西施佳雅葡萄酒，这种酒有着相当强的个性，用来搭配烤鸽肉相当绝妙。

如今沐浴在和煦阳光里的卡斯蒂利翁切洛村种满了葡萄，完全没有了以前海盗横行时杀戮农民的血腥画面。

的品尝。于是，半个世纪的尝试成果，终于突破了狭小的圈子走向了世界。

酒庄最早售卖的酒为1968年酿造的。庄园逐步扩大，在卡斯蒂利翁切洛村（Castiglioncello）开辟了一块名为西施佳雅（Sassicaia）的葡萄种植园，此后，圣·圭托庄园出产的红酒便一直以此命名。可以说，西施佳雅红酒满载着20世纪70年代及80年代意大利葡萄种植者的辛勤汗水及创造力，成为这个半岛国家第一支可以与最佳的法国红酒媲美的杰作。其中1975年份产的西施佳雅曾于1978年在伦敦被评为最好的赤霞珠葡萄酒。

每年，圣·圭托庄园仅出产西施佳雅一种酒。这种酒会在橡木桶中存放上两年后才会流入市场。1985年份的西施佳雅葡萄酒堪称精品，它力度雄浑，口感丰富且集中，果香浓郁，入口仿佛柔滑的丝绸，陈年能力相当之强。不过，尼科罗侯爵从来不会用过多过分细腻的言语去形容他酿造出来的葡萄酒。每次，他只是简单地说自己所酿造的酒“很好”，仅此而已。

卡斯蒂利翁切洛堡后面一块偏僻的小谷中开辟出了第一块被称为西施佳雅的葡萄园，如今，从这里酿造的红酒获得了至高的国际声誉。

太阳的印记

从山丘到谷地、从市镇到乡野，随处可以见到茂密的橄榄树、葡萄藤以及高大的松柏。它们仿佛纯净的阳光扣入人们的心弦，荡涤着每一条神经。没错，这里正是托斯卡纳的中心，安提诺里（Antinori）家族的诞生地。这一家族从事酿酒业的年头相当长，历经了26代的传承。1385年，卓凡尼·蒂·皮埃罗·安提诺里（Giovanni di Piero Antinori）开始投入葡萄酒贸易的大潮中；600年之后，安提诺里侯爵在佛罗伦萨中心重新买下自己家族的祖屋后，便开始一点点扩大庄园面积，努力打造和谐、丰满与典雅的葡萄酒，将自己位于托斯卡纳的酒庄办得有声有色。皮埃罗·安提诺里（Piero Antinori），复兴古典基安蒂（Chianti Classico）葡萄酒的负责人，也是如今酒庄的负责人，同自己的父亲与祖父一样，也是一位真正的创新者。在他的领导下，酒庄实施了一系列革新计划的同时，酿酒方面的要求也更为严格，力求打造出质量最为上乘的意大利红酒。1978年，他酿出了第一支太阳园（Solaia）红酒，这种红酒完美地融合了赤霞珠葡萄与品丽珠葡萄的精髓。当时，酿造这种酒使用的这两种葡萄完全是外来的。在此后的酿造中，酒庄又向酒中加入了托斯卡纳土生土长的桑娇维塞葡萄。这支与阳光关系密切的一般日常酒有着厚实且复杂的果香，酒体结构相当平衡，其个性也毋庸置疑地相当凸显。太阳园占地不过10来公顷，海拔约400米，面向西南，坐落于圣·克里斯提那（Santa Cristina）园区内古典基安蒂园内。用于酿造太阳园红酒的葡萄需要经过十分苛刻的筛选，成熟度要控制得相当好，这样才能从其中品尝到那充满阳光的味道和葡萄最精髓的个性。不同种类的葡萄会分开发酵，以保证最终获得的葡萄酒有着完美的颜色、丰富的口感和浓厚的单宁味。太阳园红酒的酒精度较高，为13.5°，可以说，这支红酒完美地再现了托斯卡纳地区的绝妙风土，是不可多得的佳酿。

果香浓郁的太阳园红酒正是由赤霞珠葡萄、品丽珠葡萄和意大利土生土长的桑娇维塞葡萄共同缔造而成的。

眼手心的结合

在东方与西方交界的十字路口，在古老文明与现代科技的交汇处，黎巴嫩人民在穆萨堡酿造出了一种需要陈藏7年才能上市的葡萄美酒。

很久以前，地中海东部海岸上已经广泛种植葡萄了。大约在7000年前，葡萄种植业就已经确确实实地存在于如今黎巴嫩、土耳其、格鲁吉亚及叙利亚的那片土地了。黎巴嫩人的祖先腓尼基人可谓功不可没。在他们的推动下，比布鲁斯城（Byblos）众多的港口，提尔城（Tyr）以及西顿城（Sidon）都成了当时第一批葡萄酒贸易盛行的场所。1930年，加斯顿·浩沙（Gaston Hochar）在黎巴嫩的加泽（Ghazir）建立了穆萨堡（Château Musar），秉承着传统酿造了自己的葡萄酒。从建庄以来，穆萨堡就从来未曾关闭过，除了那持续了16年的黎巴嫩内战（1975年～1990年）浩劫了全国，酒庄才被迫停产。“Musar”这个名字来自阿拉伯语中的“m’zar”一词，意思就是“有着非凡美景的地方”。穆萨堡红酒最让人吃惊的地方就是，在流入市场之前，装瓶的葡萄酒会在酒窖中存放上至少7年！用于酿造穆萨堡葡萄酒的葡萄相当了不起，其中有来自波尔多地区的赤霞珠葡萄和罗讷河谷的西拉葡萄。穆萨堡的葡萄种植园位于贝卡谷（Vallée de la Bekaa）。没错，著名的巴尔贝克太阳神庙和酒神巴克斯神庙都坐落在这座山谷中。这里的气候相对来说较为凉爽，夏季漫长干燥，冬季较为湿润，相当适于葡萄生长。如果您有幸品上一口穆萨堡红酒，那么您会感觉到起先是蜻蜓点水、而后是慢慢接近、最后才真正触知到那液体的复杂感，就仿佛这酒是用各种稀有元素通过神秘的炼金术炼成的一样。起初灼热的感觉一经咽下便会消失殆尽，转瞬带来的则是清爽的果香和丝滑的感受。口腔中荡漾一波又一波不同的味感，久久不能平复。此时此刻，鼻腔中所蒸腾的芳香也丰满醇厚，那是一种热烈的香料气息，一种经过长时间陈化的成熟气息。在穆萨堡红酒中，力度与细腻完美地结合在一起。随着时间的推移，酒变得越来越陈，而细腻感也会变得越来越突出。

平衡的光辉

1875年，唐·梅尔乔·德·康查·伊·托罗在一座有着不少稀有树种的公园内建起了一栋有着典型19世纪建筑风格的居所。

1883年，唐·梅尔乔·德·康查·伊·托罗（Don Melchor de Concha y Toro），也就是康查侯爵在圣地亚哥的麦坡谷（Vallée de Maipo）建立了自己的庄园，并以自己的名字命名。建了庄园后，他又从波尔多引进了最好的葡萄品种。在他心目中，之前耕耘在智利土地上的父辈就是榜样。自1851年起，不少智利的葡萄果农便意识到自己的国家绝对有可能成为美洲大陆最好的葡萄酒产地。干露酒厂（Concha y Toro）如今旗下共有3000多公顷的葡萄田，分布于智利4大葡萄谷中的12个葡萄园中。自从1933年3月出口了第一箱酒到鹿特丹开始，庄园便一步步向海外扩张。1994年，干露酒厂成为智利首家在纽约证券交易所上市的股票；1997年，又与菲利普·德·罗斯柴尔德男爵公司签署了战略协议。

被冠名为唐·梅尔乔（Don Melchor）的这支红酒，无疑是全智利最好的葡萄酒。酿造它的葡萄来自麦坡谷中心的普安多·阿尔托（Puento Alto），这是一块儿风土相当不错的土地，十分适于赤霞珠葡萄生长。这里土壤不是很肥厚，气候条件理想，由于近旁是安第斯山脉，所以葡萄们有了强大的天然庇护所。这也就是为什么赤霞珠葡萄，这种创造了最美妙的梅多克红酒的精灵在这里也可以缔造出别样的奇迹。葡萄园的葡萄在收成时完全人工采摘，压榨好后会放在新制的橡木桶中进行为期14～16个月的陈化。这些橡木桶所用的橡木材料均来自法国中部的阿列（Allier）与特隆塞（Tronçais）森林。最后则是装瓶窖藏。唐·梅尔乔红酒可以说举世闻名，它那黑色果实特有的芳香彰显着不尽的光辉，那美妙灵动的液体把力道与细腻完美地结合在一起，形成浑然天成的和谐。

莫罗·拉塞拉（Mauro Rasera）博士是洛尔丹·加斯帕里尼伯爵庄园的葡萄酒工艺学家，此时他正小心翼翼地检查维内卡苏红酒的酿制过程。

红宝石般的夺目光辉

意大利蒙泰罗山（Montello）脚下，特雷维兹（Trévise）偏北的环礁湖不远处有一片 80 来公顷的土地，这是洛尔丹·加斯帕里尼伯爵庄园（Domaine des comtes Loredan Gasparini）。这里的葡萄种植历史相当悠久，大概可以追溯到 16 世纪。起初，威尼斯督治的传人洛尔丹·加斯帕里尼（Loredan Gasparini）甄选了一块名为维尼卡苏（Vignigazzu）的土地，打算在这里打造一处帕拉迪奥式的别墅。直到 20 世纪 50 年代，依靠皮埃罗·洛尔丹伯爵，此处才成了名副其实的葡萄酒庄，园中也种上了如今仍可以看到的赤霞珠葡萄、品丽珠葡萄、梅洛葡萄、马尔白克葡萄、黑皮诺葡萄以及霞多丽葡萄。酒庄出品的国家元首（Capo di Stato）酒可谓当时一颗璀璨的珍珠，十分受戴高乐总统的青睐，而这霸气的名字也正是他在威尼斯出席格里提（Gritti）家族晚宴时给这支酒起的。1973 年，酒庄辗转到詹卡洛·帕拉（Giancarlo Palla）手中，也就是如今酒庄的庄主。自他接手酒庄后，庄园开始一系列的革新并引进了最先进的酿酒设备及设施，酒庄中既生产红酒和白酒，也酿造烈性酒与可口的甜酒。

洛尔丹·加斯帕里尼伯爵庄园酿造的店内推荐级红酒（Rosso della casa）的调配方法参照传统的波尔多红酒。它带着浓浓的香料芬芳，口感醇厚，是一支不可多得的佳酿。酿酒用的梅洛葡萄和马尔白克葡萄均手工采摘，并且采摘时间较晚，比起酒中的品丽珠葡萄和赤霞珠葡萄成熟度要高一些，这样的组合可以使芳香、糖分及酸度达到完美的平衡。随着时间的推移，维内卡苏红酒（Venegazzu）的酒裙会彰显一种红宝石般的夺目光辉，而那复杂丰满的酒香却丝毫不减，果仁与玫瑰的芳香互相交织，其中还飘摇着麝香与水果的美妙气息。入口后，那甜润与充盈的口感马上会带给味蕾天鹅绒般圆润的呵护，用它搭配野禽或是红肉都是相当好的选择。

个性至上

特瓦隆庄园出产的红酒淋漓尽致地彰显了当地的风土个性，用于酿造这种酒的两种葡萄一唱一和，天衣无缝地结合在一起，缔造出了这力度与优雅并存的葡萄酒。

特瓦隆庄园的葡萄种植园位于阿尔皮勒山脚下，20来公顷的土地上遍布石子，周围是散发着松香的树林与灌木丛。

阿尔皮勒山脚下，石灰质荒地上交织着灌木和散发着松香与草香的林地。20世纪70年代末，一个来自艺术世家的勇者，放弃了在巴黎的建筑学业，自修了葡萄种植与葡萄酒酿造后来到我们刚刚提到的土地上开辟了一块20公顷的葡萄园。现任酒庄庄主埃洛瓦·杜巴克（Éloi Dürrbach）一直认为，尊重一块土地的风土不光是尊重那些自然条件，还包括前辈们遗留下来的经验。正是秉承着这一理念，他酿出了一支力道强劲、结构扎实、口味醇厚的葡萄酒。这酒有着独一无二的魅力。不过，遗憾的是，特瓦隆庄园（Domaine de Trévallon）出产的这支红酒并没有被评级为普罗旺斯地区莱博镇的法定产区葡萄酒，只当选了地区餐酒，理由是“缺乏特性”。不过这丝毫没能阻挡它成为法国南部出类拔萃的红酒的势头，甚至它那纯然的个性赶超了众多高质葡萄酒。但是还是有人非难说酿造这种酒所搭配的葡萄过于正统。出于诸如此类的原因，才有了如今我们看到的被法国国家原产地名称局批准的酒名。特瓦隆庄园出产的红酒雄浑有力却不失高雅，西拉葡萄浓郁灵动的果香与赤霞珠葡萄坚实有力的稳定结合得天衣无缝。著名葡萄酒工艺学家皮埃尔·卡萨马约尔曾细述道：“对于特瓦隆庄园红酒来说，陈酿上10年方可达到酒品的最佳状态，那浓郁的单宁芬芳才会出落得最为恰当可人。如果过早地品尝这种酒，那真是相当遗憾，因为这样一来，我们就不能体会到其独特的个性，那转瞬即逝却表现力十足的个性。没错，这支酒的缔造者赋予了它纯然的风格，它绝对是一支值得深爱的葡萄酒。”

稀有、纯然、利落

公爵园红酒有着坚实且复杂的结构，相当和谐，其芳香浓郁，可谓独树一帜，是不可多得的佳酿。

1804年，美尼尔男爵，即奥顿镇的专区区长，在位于伏尔耐的公爵园周围圈定了几块葡萄田。划出的这片土地正是12世纪勃艮第地区相当著名的公爵葡萄园的一部分。葡萄根瘤蚜肆虐之后，美尼尔男爵的曾孙，昂热尔维尔（Angerville）侯爵，也就是法国国家原产地名称局创立团队中的一员，用其毕生的经历开始了一项艰巨且重要的工作：在自己庄园里重新种上黑皮诺葡萄。这勉强够14公顷的葡萄园面向东南，遍布着泥灰质石灰岩，这种以石子居多为特征的土地可以很好地锁住太阳投射下来的热度。有了充足的热度，葡萄果实便可以迅速地成熟，并且，葡萄园所在的位置有着一定的坡度，因此水分存积得不会太多，更加适于葡萄的生长。可以说，这些先决的优秀自然条件保证了酿出的葡萄酒的高贵品质。这片土地孕育出的红酒结构坚实、芳香馥郁、口感醇厚。昂热尔维尔侯爵是个精益求精的人，他并不满足于只酿造人们口中的好酒，而是想要酿造高品质的传世佳酿。于是，他最终选择了当年登上教皇餐桌，并被腓力六世和路易十一都相当钟爱的伏尔耐红酒。在酿造葡萄酒的时候，除了严格筛选葡萄、只使用高品质的葡萄外，昂热尔维尔侯爵还努力地维持低产量。同时，酒庄还是实现葡萄酒本园内装瓶的先锋之一。在这里所有的葡萄酒都会经过悉心的呵护发酵，并被灌装到橡木桶中陈化。公爵园的垄断产酒出自仅有2公顷的土地上，分布于伏尔耐村的北部，隐没在一片葡萄组成的海洋中。这一小片土地所产的酒相当稀有，彰显着纯然与利落的个性，陈年能力相当强。其结构坚实复杂，但是却相当和谐，那磅礴的质感在众多红酒中一下子就会被辨别出来。入口后如丝绸般滑腻，黑皮诺集中的果香悠扬地飘荡开来，其中还夹带着黑樱桃细腻的甜香，最后，一缕美妙的单宁气息和木香袅袅升起，不失为最杰出的佳酿。

昂热尔维尔侯爵一直秉承着19世纪初延续下来的葡萄种植与葡萄酒酿造工艺。

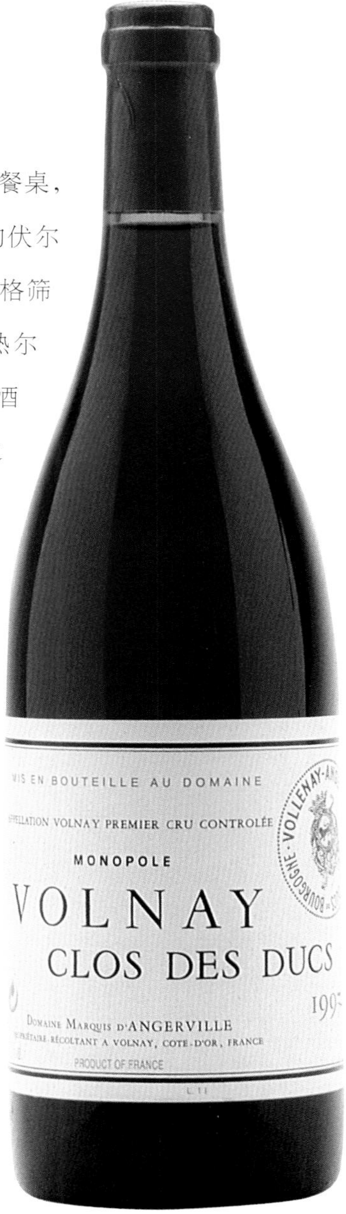

实用地址

安提诺里世家（Antinori）
Piazza degli Antinori, 3,
50123 Florence - Italie

碧安帝 - 山迪庄园（Biondi-Santi）
Via Panfilo dell' Oca 3,
53024 Montalcino - Sienne
Italie

亚历杭德罗·费尔南德斯酒庄（Bodegas Alejandro Fernandez）
Tinto Pesquera, c/Real
n° 2 de Pesquera de Duero
47315 Valladolid - Espagne

贝加·西西里亚酒庄（Bodegas Vega Sicilia）
47259 Valbuena del Duero-Espagne

阿兰·布吕蒙（Brumont Alain）
Château Bouscassé
32400 Maumusson-Laguian

佳慕庄园（Caymus Vineyards）

PO Box 268 - Rutherford, Napa Valley
Californie 94573
États-Unis

里基尔 - 贝莱尔（Chanoine Liger-Belair）
Bouchard Père et Fils
Château de Beaune - 21200 Beaune

金钟堡（Château Angélus）
33330 Saint-Émilion

阿尔雷堡（Château d' Arlay）
Route de Saint-Germain - 39140 Arlay

奥松堡（Château Ausone）
33330 Saint-Émilion

博卡斯特尔庄园（Château de Beaucastel）
Chemin de Beaucastel - 84350 Courthézon

卡侬堡（Château Canon）
BP 22,33330 Saint-Émilion

白马堡（Château Cheval Blanc）
33330 Saint-Émilion

爱士图尔堡（Château Cos d' Estournel）
33180 Saint-Estèphe

杜古 - 宝嘉龙堡（Château Ducru-Beaucaillou）
33250 Saint-Julien-Beychevelle

佛泽尔堡（Château de Fieuzal）
124, avenue Mont-de-Marsan
33850 Léognan

吉列特堡（**Château Gilette**）
33210 Preignac

奥比昂庄园（**Château Haut-Brion**）
Domaine de Clarence Dillon
133, avenue Jean-Jaurès, BP 24
33600 Pessac

拉菲 - 罗斯柴尔德堡（**Château Lafite-Rothschild**）
33250 Pauillac

修道院奥比昂庄园（**Château La Mission-Haut-Brion**）
Domaine de Clarence Dillon
133, avenue Jean-Jaurès, BP 24
33600 Pessac

拉图堡（**Château Latour**）
33250 Pauillac

拉维奥比昂庄园（**Château Laville Haut-Biron**）
Domaine de Clarence Dillon
133, avenue Jean-Jaurès, BP 24
33600 Pessac

雷奥维尔 - 拉斯 · 卡斯堡（**Château Léoville-Las Cases**）
33250 Saint-Julien-Beychevelle

松树堡（**Château Le Pin**）
Hof te Cattebeke - 9680 Etikhove
Belgique

玛歌堡（**Château Margaux**）
33460 Margaux

玫瑰山庄（**Château Montrose**）
33180 Saint-Estèphe

木桐 - 罗斯柴尔德堡（**Château Mouton-Rothschild**）
33250 Pauillac

帕图斯堡（**Château Petrus**）
Établissements Jean-Pierre Moueix
54, quai du Priourat, BP 129
33500 Libourne

皮巴尔侬堡（**Château de Pibarnon**）
83740 La Cadière-d' Azur

碧尚男爵堡（**Château Pichon-Longueville**）
Comtesse de Lalande
33250 Pauillac

拉雅堡（**Château Rayas**）
84230 Châteauneuf-du-Pape

西蒙古堡（**Château Simone**）
13590 Mayreuil

苏特罗堡（**Château Suduiraut**）
33210 Preignac

卓龙堡（**Château Trotanoy**）
Établissements Jean-Pierre Moueix
54, quai du Priourat, BP 129
33500 Libourne

沃尔特纳堡（**Château Woltner**）
3500 SilIverado Trail
Saint Helena, Californie 94574
États-Unis

伊甘堡（**Château d' Yquem**）
33210 Sauternes

让 - 路易 · 萨夫（**Chave Jean - Louis**）
37, avenue Saint-Joseph - 07300 Mauves

奥古斯都 · 克拉普酒庄（**Clape Auguste**）
07130 Cornas

让 - 弗朗索瓦 · 科什 - 杜瑞（**Coche-Dury Jean-François**）
9, rue Charles-Giraud - 21190 Meursault

阿尔芒伯爵（**Comte Armand**）
Place de l' Église - 21630 Pommard

干露酒厂（**Concha y Toro**）
Fernando Lazcano -1220 Santiago - Chili

西鲁亚娜庄园（**Costers del Siurana**）
Distributeur en France: Vinespa, Claude
Bernard Lévy, 214 av. du Président-Wilson
93210 La Plaine Saint-Denis

钻石溪酒园（**Diamond Creek**）
1500 Diamond Mountain Road,
Calistoga, Californie 94515 - États-Unis

乔治 · 德 · 维戈伯爵酒庄（**Domaine Comte Georges deVogüé**）
Rue Sainte-Barbe
21220 Chambolle-Musigny

拉冯伯爵庄园（**Domaine des Comtes Lafon**）
Clos de la Barre - 21190 Meursault

海德曼斯 - 博威勒庄园（**Domaine Heidemanns-Bergweiler**）
Gestade 16 – 5550 Bernkastel-Kues/Mosel
Allemagne

亨利 · 古热酒庄（**Domaine Gouges Henri**）
7, rue du Moulin - 21700 Nuits-Saint-Georges

勒罗伊酒庄（**Domaine Leroy**）
Rue du Pont-Boillot – 21190 Auxey-Duresses

梅欧 - 卡慕赛酒庄（**Domaine Méo-Camuzet**）
11, rue des Grands-Crus
21700 Vosne-Romanée

伊贡 · 穆勒酒庄（**Domaine Egon Müller**）
Scharzhof - 54459 Wiltingen – Allemagne

彭索酒庄（**Domaine Ponsot**）
17 - 21, rue de la Montagne
BP 11, 21220 Morey-Saint-Denis

拉弗诺葡萄园（**Domaine Raveneau**）
9, rue de Chichée - 89800 Chablis

罗雷葡萄园（**Domaine Rolet**）
39600 Arbois

罗曼尼 - 康帝酒庄（**Domaine de la Romanée-Conti**）
21700 Vosne-Romanée

鲁米耶庄园（**Domaine Roumier**）
Rue de Vergy - 21220 Chambolle-Musigny

阿尔芒 · 卢梭庄园（**Domaine Rousseau Armand**）
1, rue de l' Aumônerie
21220 Gevrey-Chambertin

特瓦隆庄园（**Domaine de Trévallon**）
13150 Saint-Étienne-du-Grès

特拉佩酒庄（**Domaine Trapet**）
53, route de Beaune
21220 Gevrey-Chambertin

辛 · 温贝希特酒庄（**Domaine Zind Humbrecht**）
4, route de Colmar, BP 22
68230 Turckheim

多米纳斯酒庄（**Dominus**）
PO Box 3327, Yountville
Californie 94599 - États-Unis

雅克 · 戛纳尔 - 德拉戈朗日酒庄（**Gagnard-Delagrange Jacques**）
21190 Chassagne-Montrachet

安杰罗 · 嘉雅酒庄（**Gaja Angelo**）
Via Torino n° 38/A
12050 Barbaresco - Italie

洛尔丹 · 加斯帕里尼（**Loredan Gasparini**）
Via Martignago Alto, 23
31040 Venegazzù - Italie

米歇尔 · 高努庄园（**Gaunoux Michel**）
Rue Notre-Dame - 21630 Pommard

居尔纪什 · 希尔斯酒庄（**Grgich Hills Cellar**）
PO Box 450
1829 Saint Helena Hwy., Rutherford
Californie 94573 - États-Unis

埃蒂安 · 吉佳乐（Guigal Etienne）
1, route de Taquières - 69420 Ampuis

赫兹酒窖（**Heitz Cellar**）
436 Saint Helena Highway South
Saint Helena, Californie 94574 - États-Unis

加斯顿 · 浩沙（**Hochar Gaston**）
Rue Baroudy Achrafleh
BP 281, immeuble Sopenco
Beyrouth - Liban

加斯顿·于厄酒庄（**Huet Gaston**）
11-13, rue de la Croix-Buisée
37210 Vouvray

忽格父子园（**Hugel et Fils**）
3, rue de la 1re-Armée - 68340 Riquewihr

云岭酒庄（**Inniskillin**）
Road ll, R R # 1 S24,
C5 Olliver, Colombie-Britannique
Canada

亨利·贾伊尔（**Jayer Henri**）
21700 Nuits-Saint-Georges

夏尔·卓格（**Joguet Charles**）
37220 Sazilly

尼古拉·乔利（**Joly Nicolas**）
Château de la Roche-aux-Moines
49170 Savennières

吉斯特勒酒庄（**Kistler Vineyards**）
4707 Vine Hill Road
Sebastopol, Californie 95472 - États-Unis

克莱恩·康士坦提亚酒庄（**Klein Constantia**）
PO Box 375
Constantia 7848 - Afrique du Sud

库克（**Krug**）
5, rue Coquebert - 51100 Reims

马塞尔·拉皮埃尔（**Lapierre Marcel**）
Le Pré Jourdan - 69910 Villié-Morgon

罗兰百悦（**Laurent-Perrier**）
BP3, 51150 Tours-sur-Marne

露纹·艾斯戴特庄园（**Leeuwin Estate**）
PO Box 724, Fremantle WA 6959
Australie

文森特·勒弗莱维（**Leflaive Vincent**）
Place du Monument
21190 Puligny-Montrachet

埃米力欧·卢士涛（**Lustau Emilio**）
Plaza del Cubo,4 11403 Jerez de la Frontera – Espagne

昂热尔维尔侯爵（**Marquis d' Angerville**）
21190 Meursault

玛斯·阿米埃尔（**Mas Amiel**）
66460 Maury

酩悦香槟商行（**Moët et Chandon**）
20, avenue de Champagne, BP 140
51333 Épernay Cedex

罗伯特 · 蒙大维（**Mondavi Robert**）
PO Box 6, Oakville - Californie 94562
États-Unis

尼 科 罗 · 因 吉 萨 · 德 拉 · 罗 切 塔（**Nicoló Incisa Della Rocchetta**）
Tenuta San Guido
57020 Bolgheri – Livourne
Italie

内雷 - 加谢（**Neyret-Gachet**）
42410 Vérin

尼邦 - 科波拉（**Niebaum-Coppola**）
1460 Niebaum Lane, Rutherford
Californie 94573 - Étacs-Unis

奔富 （**Penfold' s**）
Tanunda Road, PO Box 21
Nuriootpa - SA 5355
Australie

安德烈 · 佩雷 **(Perret André)**
Route nationale 86
Verlieu, 42410 Chavanay

飞鸟堂（**Quinta do Noval**）
PO Box 57 4401 Vila Nova de Gaia
Portugal

路易 · 勒德雷尔 （**Roederer Louis**）
21, boulevard Lundy, BP 66
51053 Reims Cedex

皇家托卡伊葡萄酒公司（**The Royal Tokaji Wine Company**）
Rakoczi UT 35, 3909, Mad
Hongrie

沙龙 （**Salon**）
BP 3, 51190 Le Mesnil-sur-Oger

鹿跃酒庄（**Stag' s Leap Wine Cellars**）
5766 Silverado Trail - Napa
Californie 94558 - États-Unis

埃蒂安 · 苏榭 （**Sauzet Étienne**）
11, rue de Poiseul
21190 Puligny-Montrachet

婷芭克 （**Trimbach**）
15, route de Bergheim
68150 Ribeauvillé

葡萄酒专业词汇

ACIDITÉ（酸度）：酸度是带给葡萄酒口感及清新度的重要组成部分。葡萄酒不同的酸味主要取决于所用葡萄的种类、种植葡萄地段的风土以及影响葡萄成熟的气候条件。另外，发酵时的酵母菌和另外一些微生物或物质也会影响酸度。一般来说，我们会在酿酒过程中添加稳定酸，如酒石酸、苹果酸、柠檬酸，以及容易挥发的冰醋酸。有时候，酿造汽酒的时候还会加入碳酸。如果没有了酸度，葡萄酒就会变得毫无乐趣，没有滋味；但是如果酸度过高，葡萄酒又会变得过于尖酸，难以入口。如果酸度在适中的程度上稍稍缺乏一点，葡萄酒就会变得较为甜润宜人。

APPELLATION（名号）：法律上界定这个词的意思为，"一个国家、地区或市镇命名该地区原产产品的名称，这种产品的品质或特性都由生产此物的地区的地理条件所决定，包括自然因素以及人为因素。"在葡萄酒生产中，这一标准执行得相当严格。在法国，为了控制与监督葡萄酒的质量，政府于 1935 年创立了 INAO（法国国家原产地名称局）以监督各等级的葡萄酒酿造。我们所熟知的 AOC（Appellation d'origine contrôlée，合格佳酿葡萄酒，指产地正宗、限量生产、质量检查合格的葡萄酒）就是最高品质葡萄酒的质量标签。这一标准严格地涵盖产地、葡萄种类、每公顷产量、耕种方法以及葡萄酒酿造方法。

ARÔME（芳香）：芳香主要指的是酿酒用的每一种葡萄所散发出来的特有香味，这种香味在葡萄酒尚年轻时才会被嗅出来，随着时间的推移，这芳香会消失。

ASTRINGENCE（收敛性）：这种特性主要表现在葡萄酒入口后舌面味蕾感到干涩，这种感觉由高含量单宁造成。一瓶收敛性极强的酒单宁含量会很高，随着时间的推移，这种特性也会慢慢减弱。

BOIS（木香）：葡萄酒带有木香，主要是酿造葡萄酒所用的橡木桶所带来的，特别是，如果酿酒用的木桶是新伐下来的木头打造的，那么一种被称为香子兰气息的芳香便会和谐地与果香融汇在一起。法国中部的阿列与特隆塞森林中的橡木是打造酒桶最为抢手的木材，价格也不菲。

BOUQUET（酒香）：这是一种复杂的由众多易挥发物质所组成的香味，一种葡萄酒的酒香主要是在发酵与陈化过程中获得的可嗅知的香气。这种香气不单单是一种香味，而是像各种芬芳捆扎成的花束，会一点点地彰显出来。首先，先保持酒杯不动，嗅从中散发出的香气；而后，轻轻晃动酒杯，让杯中的酒与空气接触，此时会产生另外一种不同的香味。从酒杯中散发出的这些香味的集合就像是一种蒸发的过程。葡萄酒的酒香可以是果香、花香、草香、香料香、香脂香、动物香、木香或焦香（如烘烤食物香、烟熏香、干草香、焙烤种子香，等等）。这就是一支葡萄酒的酒香。

BRUT（干型）：这一词主要形容的是香槟，即干型香槟。香槟的甜度有几级分类，主要取决于二次发酵时所加糖的量和产品的最后含糖量，大致有甜型（Doux）、半干型（Demi-sec）、干型（Sec/Brut）。如果说某种葡萄酒是干型的，那就是这支葡萄酒中的含糖量极低，低到难以掩饰酒的酸味。

CARACTÈRE（个性）：如果形容一种葡萄酒很有自己的个性，那么这支酒的质量绝对相当突出，可以一下子就被辨别出来。一支葡萄酒，特别是那种需要窖藏的葡萄酒，它们的个性都来自酿造它们的葡萄。

CÉPAGE（葡萄品种）：葡萄品种就是所种植的葡萄植株的种类。我们用这个词来表示酿造葡萄酒时所用的不同葡萄。一个葡萄种植园中的全部葡萄品种取决于人们在该园中所选种的葡萄。一般来说，葡萄品种总体可以被分为两种，黑色品种及白色品种。在法国，乃至全世界，都会利用以下一些质量上乘的葡萄酿造高品质的葡萄酒。用于红酒酿造的主要有，品丽珠葡萄、赤霞珠葡萄、加美葡萄、梅洛葡萄、黑皮诺葡萄及西拉葡萄。酿造白酒的主要有，霞多丽葡萄、白诗南葡萄、琼瑶浆葡萄、麝香葡萄、雷司令葡萄、苏维翁葡萄及赛美蓉葡萄。有关研究葡萄品种的学科被称为葡萄种植学（Ampélographie）。调配在香槟酿造中相当重要，两种葡萄成熟度的区别又会影响葡萄酒中的添加量。如赤霞珠葡萄需要比较长的时间才能彰显出最好的品性，但是它可以给酒带来扎实的单宁结构的同时也比较不易受霉腐的侵袭；梅洛葡萄则比较早熟，非常容易受到霉腐与霜冻的侵袭，酿酒的时候，它的个性很快便会彰显出来，并为葡萄酒带来柔润的感觉。一般来说，我们把单用一种葡萄酿造的葡萄酒称为“monocépage”，比如利用霞多丽葡萄酿造的夏布利白葡萄酒、利用黑皮诺葡萄酿造的伏尔耐红酒、利用白诗南葡萄酿造的武弗雷白葡萄酒、利用维欧尼葡萄酿造的孔德里约白葡萄酒、利用西拉葡萄酿造的艾尔米塔热红葡萄酒，等等。

CHARNU（肥厚）：主要指葡萄酒给人带来的甜润、有力舒适的感觉。入口后会感觉酒液带来的口感遍布口腔的每一个角落。一般用这个形容词形容的葡萄酒会让人感觉缺乏主体结构，缺乏单宁。

CHÂTEAU（堡）：在波尔多地区（及法国西南部），堡这个词已经没有了传统上的意义，而是指一片用于葡萄酒酿造与葡萄种植的庄园。波尔多地区众多城堡都利用自己酒庄中种植的葡萄酿造葡萄酒。我们称其为某某堡或某某酒庄。

CLIMAT（风土）：勃艮第地区的“Climat”与波尔多地区的“Cru”（产区）一词的意义大致相同，是精确的地块、土壤、深层土、光照、微气候等因素在葡萄酒风格上的综合反映。

CORPS（酒体）：当我们提到葡萄酒的酒体，主要指的是它的成分与构架，可分为轻与重。

CORSÉ（浓烈的）：如果说一种葡萄酒的口感浓烈，那就是说少量的酒入口后味蕾马上就被其包围。一支酒的浓烈感主要由酒精度及单宁带来。一般来说，大多数高品质的葡萄酒在年轻的时候就极为浓烈，不过这种个性会慢慢减弱，那时我们说，这酒变得肥厚了。

CRU（产区）：在勃艮第地区，“Cru”这个词指的就是葡萄种植园，或者，是指葡萄种植园中的一块块土地，在这些土地上可以酿造出优质的葡萄酒并且每支酒的个性都十分具体明显。在波尔多地区，或者更细致地划分一下，在上梅多克（Haut-Médoc）地区以及索泰尔讷地区 1855 年制定的葡萄酒庄分级制度中，“Cru”的意思是特定酒庄中所酿造的葡萄酒。这一分级将波尔多地区的酒庄分为了 5 等，其中一等酒庄共有 5 个，分别为拉菲-罗斯柴尔德、拉图、玛歌、木桐-罗斯柴尔德(该庄为 1973 年加入)和一级伊甘堡；之后便是 14 个二级酒庄、14 个三级酒庄、10 个四级酒庄及 18 个五级酒庄。另外，法国梅多克地区还有一种该酒庄分级制度，即中级庄（Crus bourgeois）。1978 年，又被细分为特等中级庄、优秀中级庄和中级庄。

DISTINCTION（辨识度）：如果说一款酒能够一下子被辨识出来，那么一般来说我们可以用“杰出”来形容它，其各方面的特点都相当和谐，不论从视觉、嗅觉及味觉上来讲，它的品质及特点一下子便会被觉察出。

FINESSE（精致）：当我们用“精致”来形容一种葡萄酒的时候，一般是指它柔和、典雅和突出的气质。

FRAÎCHEUR（清爽）：这个词一般用来形容年纪尚轻带着果味的葡萄酒，这些酒酸度适中。我们不光用这个词来形容用慕斯卡黛葡萄酿造的白葡萄酒，还可以用来形容以加美葡萄酿造的红酒。

FRANCHISE（率直）：如果用这个词来形容葡萄酒，那么这支葡萄酒的个性一定体现得相当清晰，人们能够轻易地将其辨识出来，其间不会产生一点错误或含糊。

FRUITÉ（带有果香）：一种上好的年轻葡萄酒一定带有果香，即酿造该酒的葡萄所特有的芳香。另外，当我们嗅闻葡萄酒的时候，不管其年龄轻或老，或是成分包含何种葡萄，都会有果香散发出来，我们可以在其间闻到覆盆子、黑加仑、樱桃、酸樱桃等水果的气息。

GARDE（需长期窖存）：有些酒在被品尝前需要长时间的窖存才能将自己的优秀品质完全释放出来。有些高品质的好酒甚至需要窖存 20 年或更久。

GÉNÉROSITÉ（醇厚）：这个词主要用于形容一种葡萄酒的酒精含量。不过，这一特性并非人们所惯常说的那种可以导致疲劳或上头的高酒精度，醇厚是一个正面词语。

GRAS（油润的）：如果我们说一种酒很油润，那么它所含的丙三醇会比较丰富。一般来说，葡萄汁发酵的时候所产生的丙三醇会带着淡淡的甜味，于是赋予葡萄酒一种油性，人们在品尝的时候会觉得很油润。

JEUNE（年轻）：如果一支必须经过长时间窖存才能表现其完美个性的酒还没能成熟，我们就称之为年轻。如果说这种酒相对来讲需要尽快品尝，那么年轻即表示正当年。

LARME（挂杯）：当我们向杯中倾倒葡萄酒后，轻摇酒杯，旋晃过的葡萄酒会在酒杯内壁形成一道道的痕迹，我们称之为挂杯或腿，可以向我们显示酒液的酒精度多少。

LÉGÈRETÉ（淡薄）：形容一款酒比较淡薄并不是说它不好，而是指这支酒的酒精含量比较少，颜色也比较浅，但是口味更佳宜人与平衡。一般来说，这种酒不需要窖存很久，尽快饮用即可。

LIE（酒渣）：酒渣主要由酒石与死酵母细胞组成，是容器底部的沉淀物，酿酒的时候会通过滗清步骤将其倾析出来。

LONGUEUR EN BOUCHE（回味）：一种酒香气在口腔中的持久性会用一个叫做“Caudalie”的单位进行衡量（1 caudalie = 1 秒余香）。一支酒越回味持久越好。所以，用回味的持久度很容易将葡萄酒从低向高列级。

NERVOSITÉ（强劲）：一种强劲的葡萄酒的酸度会比较平衡，给人以一种强壮刚劲的感觉。一般来说这类酒入口后的酸度不会很过头。

ŒNOLOGIE（葡萄酒工艺学）：这是一门专门研究葡萄酒酿造、储存、品鉴的学问，该词来自希腊语“oinos”，意思就是葡萄酒。

ONCTUOSITÉ（滑腻）：形容一款酒可口且油润。滑腻并不一定是形容甜型的白葡萄酒的，我们也可用之形容一些酸度比较低的酒。

PÉTILLANT（微起泡）：一种微起泡的葡萄酒在喝的时候会有微微的气泡，但是会比香槟的气泡少很多，也没那么强烈。

PUISSANCE（力度）：一种葡萄酒的力度一般表现为浓烈（Corsé）程度。

ROBE（酒裙）：酒裙这个词是专门用来形容葡萄酒外部形态的，主要用来形容酒的颜色。通过酒裙的颜色，我们可以推测这支酒的年龄、酿造方法及熟成方法。如果一种葡萄酒的酒裙颜色过于透亮，这便代表这支酒没有经过萃取，所用的葡萄熟成度不够，浸皮时间比较短，等等。这样的酒会比较淡薄，不用进行长时间的窖存便可饮用，并且也不会是用太好的年成所产的葡萄酿造的。如果一支葡萄酒的酒裙颜色比较深（有时候我们会用“黑色”进行形容），我们便可知道这支酒所用的葡萄较老，并且产量很低，这也是高品质葡萄酒的标志。

RONDEUR（圆润）：一般来说，葡萄酒的圆润与丰满、柔软与油润等 3 个特点有关。

SEC（干）：当一种葡萄酒中的所有糖分都转化成了酒精，那么我们便说这支酒是干型的。

SOUPLESSE（柔顺）：如果一种葡萄酒有着柔顺的特性，也就是说这支酒相当可口，单宁味比较适中。有时候，我们还会说一支酒很丝滑，这也是形容这支葡萄酒很柔软、顺滑、和谐与典雅。

STRUCTURE（结构）：一支酒的结构主要与其成分和构架有关，它是一种酸度、可口度与单宁味的和谐平衡感。

TANIN（单宁）：一般我们写为“tanin”，也可以写为“tannin”，它是红酒的重要组成成分，单宁主要来自葡萄果皮、葡萄籽以及葡萄梗，这些部分在葡萄酒发酵的时候会慢慢溶解在酒液中。单宁决定了一种葡萄酒的个性与寿命。随着时间的推移，单宁的强度会慢慢减弱，收敛性也慢慢消逝。如果说一支酒很“tannique”，那就是说其单宁的强度很高很凸显。如果一支酒的单宁强度过高，那么这支酒会给人尖刻粗糙的感觉，并且还会在酒瓶底留下沉淀物。

TERROIR（风土）：葡萄酒所体现的风土主要指的就是种植着酿造这种葡萄酒的葡萄的土地。产自某一片风土的葡萄酒会带着其固有的特点，这些特点出自该片土地上的一系列因素，比如心土、气候条件、葡萄种植的位置，等等。

VELOUTÉ（天鹅绒般的）：这原本是形容柔软顺滑布料的词语，用在这里是形容一种葡萄酒经过长时间的陈化后会显出一种美妙的口感，这种甘美相当顺滑可口，就好像天鹅绒掠过口腔一样。

VINOSITÉ（醇厚浓烈）：其形容词形式为“vineux”，用来形容一种相当突出的口感。一瓶葡萄酒，如果用这个形容词来形容的话，便代表它有着一定的酒精度，更重要的是彰显出了葡萄酒与其他酒精饮料间一些显著的区别。

索引

下表中数字标准体表示该词在书中正文出现，斜体表示在图注中出现。

A

Afrique du Sud，南非，11，36

Alexandre II，俄国沙皇亚历山大二世，16，17

Alsace，阿尔萨斯，24—26,90

Amiel，Raymond-Étienne，雷蒙德·埃蒂安·阿米埃尔，86

Angélus，Château，金钟堡，121，*121*

Angleterre，　英　国，9，10，14，61，84，99，100，104，106，110

Antinori，安提诺里，134

Arlay Château d'，阿尔雷堡，38，*38*

Armand，Comte，阿尔芒伯爵，110—111

Arnault，Bernard，贝尔纳德·阿尔诺，57，124

Ausone，Château，奥松堡，122—123，*122—123*，124，126

Australie，澳大利亚，9，40，83

B

Bandol，邦多勒，66，*66*

Barolo，巴罗罗，67，*67*

Beaucastel，Château de，博卡斯特尔庄园，33，*33*

Beaulieu，博略，89，94—95

Bekaa，Vallée de la，贝卡谷，135

Berlon，贝尔隆，84—85，*85*

Bernkasteler Badstube Beerenauslese，贝尔恩卡斯特尔·巴斯杜贝雷司令葡萄酒，43

Berrouet，贝鲁埃，93，107

Bienvenues-Bâtard-Montrache，比安沃尼-巴达-蒙哈榭，27，*27*，52

Biodynamie，生物动力法，*10*，58，*58*，63，*88*

Biondi-Santi，碧安帝-山迪，68，*68*

Bize-Leroy，Lalou，拉鲁·比兹-勒罗伊，88

Bofill，Ricardo，里卡多·波菲尔，99，*99*

Bonnes Mares，柏内-玛尔，45，73

Bordelais，　波　尔　多，8，9，*11*，50，82—85，96—97，100，102，104，*104*，122—123，125，127，131

Borie，Jean-Eugène，让-欧仁·博里，129

Botrytis cinerea，贵腐霉菌，24，*24*，53，55—56

Boüard，famille de，布阿尔家族，121

Bouchard，宝尚，117

Boudot，Gérard，吉拉尔·布德，52

Bourbon，Louis-François，Prince de Conti，康帝亲王路易-弗朗索瓦·德·波旁，118

Bourboulenc，布尔布兰葡萄，33，74

Bourgogne，　勃　艮　第，8—9，37，41，42，47，*47*，52，*52*，59，68—70，72—73，76，*78*，80，88，92，96，109—111，116，118—119

Bouscassé，Château de，布斯加塞堡，82

Brounstein，Al，阿尔·布朗斯坦，92，*92*

Brumont，Alain，阿兰·布吕蒙，82

Brunello di Montalcino，蒙达奇诺的布鲁奈罗，68，*68*

C

Cabernet，嘉本纳葡萄，89

Cabernet franc，品丽珠葡萄 75，82，90，92—93，95—96，100，121—124，128—129，131，134，137

Cabernet sauvignon，赤霞珠葡萄，89，*89*，90—97，99—100，102，121，127—129，131—138

Californie，加利福尼亚州，46，59，89—91，94，96

Camuzet，Étienne，埃蒂安·卡慕赛，116

Canon，Château，卡依堡，126，*126*

Cantenat，Jean，让·冈特纳，122
Cask 23，卡斯克 23 葡萄酒，91
Caymus Vineyards，佳慕庄园，90，*90*
Chablis，夏布利，10，28—29，*28—29*，59
Chambertin，香贝坦，10—11，45，69，*69*，70—72
Chambertin Clos de Bèze，贝兹葡萄园香贝坦红葡萄酒，70—71，*70—71*
Chambolle-Musigny，尚博尔-穆西尼，72—73，*72—73*，76
Champagne，香槟，9，10，14—21
Chardonnay，霞多丽葡萄，14—18，21，28，31，37—38，40，41—42，45—46，59，89，96，137
Charlemagne，查理曼大帝，8，37，77
Château-Chalon，abbaye de，夏龙堡修道院，9，30
Château-Grillet，格里耶堡，32，*32*
Châteauneuf-du-Pape，教皇新堡，33，*33*，74，*74*
Chatonnet，Jeanne，让娜·沙托内，122
Chave，Jean-Louis，让-路易·萨夫，81
Chenin blanc，白诗南葡萄，58，63
Cheval Blanc，Château，白马堡，104，124—125，*124—125*
Chianti，基安蒂，11，68，134
Chili，智利，10，136
Chinon，希农，75，*75*
Cinsault，神索葡萄，33，74
Clairette，克莱雷特葡萄，33，74
Clape，Auguste，奥古斯都·克拉普，77
Clos de la Roche，德·拉·罗什葡萄园，76，*76*
Clos de Vougeot，伏旧园，72，81，88，116，*119*
Clos du Mesnil，美尼尔葡萄园，14—15，*14—15*
Clos Mogador，莫卡多尔园，113，*113*
Coche-Dury，科什-杜瑞，37，*37*
Combes Louis，路易·康布，84
Concha y Toro，干露酒厂，136
Condrieu，孔德里约，32，34—35，*34—35*
Constance，vin de，康士坦天然甜白，36，*36*
Constantia，康士坦提亚，36
Coppola，Francis Ford，弗朗西斯·福特·科波拉，95，*95*
Cornas，高尔纳斯，77，*77*
Corton – Charlemagne，考尔通-查理曼，37，*37*，73
Corton Renardes，考尔通·勒纳德，78，*78*
Cos d'Estournel，Château，爱士图尔堡，127，*127*
Costers del Siurana，西鲁亚娜庄园，113
Côte de Beaune，博讷丘，37，*52*，78，111，*111*
Côte de Nuits，夜丘，47，70，72，76，88，109，117，120
Côte des Blancs，白丘，14—16，19，41
Côtes du Jura，汝拉丘，*31*，38
Côte-Rôtie，罗第丘，10，11，34，79，*79*
Counoise，古诺瓦姿葡萄，33，74
Cristal，水晶香槟，16—17，*16*
Cuvée Grand Siècle Alexandra，亚历山大盛世香槟，18，*18*
Cuvée S，S 香槟，19，*19*
Cuvée Titus，提图斯白葡萄酒，46

D

Delmas，Jean，让·戴马斯，10，105
Delon，famille，德隆家族，130—131
Diamond Creek，钻石溪，92
Dillon，Domaine Clarence，克拉兰斯-帝龙，103—104，*105*
Dom Pérignon，唐·培里侬，9，17，20—21，*20—21*
Dominus，多米纳斯葡萄酒，93，*93*
Don Melchor，唐·梅尔乔，136，*136*
Ducru-Beaucaillou，Château，杜古-宝嘉龙堡，129，*129*
Dumoulin，Étienne-Théodore，埃蒂安-泰奥多尔·迪穆兰，128
Dupuy，Charles，夏尔·迪皮伊，86
Dionysos，狄俄尼索斯，8，*8*

E

Échézeaux，依瑟索，11，80，120
Espagne，西班牙，9，11，39，*39*，61，67，90，113–115
Estournel，Louis-Gaspard，路易 - 加斯帕尔 · 爱士图尔，127，*127*
États-Unis，美国，10，11，29，32，46，*46*，59，*59*，89，*92*，93—96，98—99

F

Fernandez，Alejandro，亚历杭德罗 · 费尔南德兹，114
Fieuzal，Château de，佛泽尔堡，49，*49*
Forey，Régis，雷吉斯 · 富瓦雷，117
Fourcaud-Laussac，famille，福尔可 - 罗萨克家族，124，*125*
Fournier，Henriette，亨丽埃特 · 富尔涅，126
Furmint，福尔明葡萄，60

G

Gagnard-Delagrange，Jacques 雅克 · 戛纳尔 - 德拉戈朗日，42
Gaja，Angelo 安杰罗 · 嘉雅，67
Gamay，加美葡萄，87
Gardère，Jean-Paul 让 - 保罗 · 加德尔，100
Gasparini，Loredan 洛尔丹 · 加斯帕里尼，137
Gaunoux，Michel 米歇尔 · 高努，78
Geoffroy，Richard 理查德 · 杰弗里，21
Gewurztraminer，琼瑶浆葡萄，24，*24*，26
Gilette，Château，吉列特堡，54，*54*
Ginestet，吉内斯泰，85，97，127
Gouges，Henri，亨利 · 古热，11，47
Grange Hermitage，格兰日 · 艾尔米塔热葡萄酒，83，*83*
Graves，格拉夫，49，51，*61*，104—105，124
Grgich Hills Cellar，居尔纪什 · 希尔斯酒庄，89
Guigal，Étienne，埃蒂安 · 吉佳乐，11，79

H

Haut-Brion，Château，奥比昂庄园，11，50，*50*，51，103，104—105，*104—105*
Hautvillers，奥特维莱尔，9，16，20
Heidemanns-Bergweiler，海德曼斯 - 博威勒，43
Heitz Cellar，赫兹酒窖，94
Henri IV，亨利四世，110，125
Hermitage，艾尔米塔热，10，81，*81*，83
Hochar，Gaston，加斯顿 · 浩沙，135
Horgan，Denis，丹尼斯 · 奥尔根，40
Hudson Vineyard Chardonnay，哈德森葡萄园霞多丽白葡萄酒，59
Huet，Gaston，加斯顿 · 于厄，63，*63*
Hugel，忽格，26，*26*
Humbrecht，Olivier，奥利维尔 · 温贝希特，24

I

Incisa della Rocchetta，Nicolo，尼科罗·因吉萨·德拉·罗切塔，132—133
Inniskillin，云岭，62
Italie，意大利，8，11，67—68，132—134，137

J

Jayer，Henri，亨利 · 贾伊尔，11，80，*80*，116
Jefferson，Thomas，托马斯 · 杰斐逊，32，98
Jerez，赫雷斯，9，11，39，*39*

Joly，Nicolas，尼古拉 · 乔利，*10*，11，58
Jooste，Duggie，道吉 · 乔斯特，36
Joguet，Charles，夏尔 · 卓格，75
Jura，汝拉，9，30—31，38

K

Kaiser，Karl，卡尔 · 凯瑟尔，62，*62*
Kistler Vineyard，吉斯特勒酒庄，59
Klein Constantia，克莱恩 · 康士坦提亚，36
Krug，库克，14—15

L

La Mission-Haut-Brion，Château，修道院奥比昂庄园，46，50，51，100，103，*103*
La Romanée，罗曼尼，117，*117*
La Tâche，拉 · 塔希，120，*120*
Ladoucette，baronne de 拉杜塞特男爵夫人，45
Lafite-Rothschild，Château，拉菲 - 罗斯柴尔德堡，10，81，98—99，129，132
Lafon，Comtes，拉冯伯爵，41，*41*
Laguiche，拉纪什，38，*38*
Làpierre，Marcel，马塞尔 · 拉皮埃尔，87
Las Cases，Gabriel de，加布里耶 · 德 · 拉斯 · 卡斯，130
Latour，Château，拉图堡，97，98，100—101，*100—101*，130
Laurent-Perrier，罗兰百悦，18，*18*，19
Laville-Haut-Brion，Château，拉维奥比昂庄园，51
Le Nôtre，勒 · 诺特，53
Le Pin，Château，松树堡，108，*108*
Leeuwin Estate，露纹 · 艾斯戴特，40
Lefalive，Vincent，文森特 · 勒弗莱维，27
Lemon，Ted，泰德 · 勒蒙，46
Lencquesaing，May-Éliane de，梅 - 伊莲 · 德 · 兰翠珊，97，126
Léoville-Las Cases，Château，雷奥维尔 - 拉斯 · 卡斯堡，130—131，*130—131*
Leroy，Famille，勒罗伊家族，88，118，120
Liban，黎巴嫩，135
Libournais，利布尔讷地区，106，*108*，109，121
Liger-Belair，Chanoine，里基尔 - 贝莱尔，117
Loubat，Madame，卢巴夫人，106—107，126
Louis XI，路易十一，75，139
Louis XIII，路易十三，81
Louis XIV，路易十四，*77*，107，110
Louis XV，路易十五，60，118
Louis-Philippe，路易 - 菲利普，69
Lur-Saluces，Alexandre de，亚历山大 · 德 · 绿 - 沙吕思，11，44，56—57，*56—57*
Lurton，Pierre，皮埃尔 · 卢顿，125
Lustau，Emilio，埃米力欧 · 卢士涛，39

M

Madiran，马蒂兰，82，82
Magill，麦吉尔，83
Maipo，Vallée du，麦坡谷，136
Malbec，马尔白克葡萄，90，124，137
Marchand，Pascal，帕斯卡尔 · 马尔尚，111
Margaret River，玛格丽特河，40
Margaux，玛歌，84—85，97，109，129
Margaux，Château，玛歌堡，84—85，84—85，126，127，129
Martha's Vineyard，玛莎葡萄园，89，94，*94*
Maury，莫里，86，*86*
McLeod，Scott，斯科特 · 麦克劳德，*95*
Médeville，Christian，克里斯蒂安 · 梅德维尔，*54*
Médoc，梅多克，46，84，98—103，109，*124*，127，129—131，136

Mentzelopoulos，曼泽洛普洛斯，85
Méo，Jean，让·梅欧，116
Méo-Camuzet，梅欧 - 卡慕赛，116
Merlot，梅洛葡萄 92—93，95—97，99—100，106—107，121—122，124，127—129，131，137
Mesnil-sur-Oger，奥格河畔小镇美尼尔，14，15，19
Meursault，莫尔索，37，41，*41*，52，59
Moët et Chandon，酩悦，17，20—21
Mondavi，Robert，罗伯特·蒙大维，40，89，96
Montrachet，蒙哈榭，27，42，*42*，52，59，88
Montrose，Château，玫瑰山庄，128，*128*
Morey-Saint-Denis，莫雷 - 圣但尼，73，76，*76*
Morgon，芒贡，87，*87*
Christian Moueix，克里斯蒂安·莫依克斯，93，107
Jean-Pierre Moueix，让 - 皮埃尔·莫依克斯，93，106—107，109
Mourvèdre，慕合怀特葡萄，33，66，74
Mouton-Rothschild，木桐 - 罗斯柴尔德，98，102，*102*
Egon Müller，伊贡·穆勒，44
Château Musar，穆萨堡，135，*135*
Muscadelle，慕斯卡黛葡萄，51，54，56
Muscardin，莫斯卡丹葡萄，33
Muscat，麝香葡萄，26，36，*36*
Musigny，穆西尼，10，45，*45*，72—73，88，*88*

N

Napa Valley，纳帕谷，46，59，89—96
Napoléon，拿破仑，30，69
Neyret-Gachet，内雷 - 加谢，32
Niebaum-Coppola，Rubicon，尼邦 - 科波拉酒庄卢比肯葡萄酒，95，95
Nuits-Saint-Georges，夜 - 圣 - 乔治，11，47，*47*，116

O

Ocakanagan，Vallée d'，奥卡纳根谷，62
Opus One，第一号作品葡萄酒，96，*96*

P

Paille，vin de 麦秆葡萄酒，30，38，*38*
Palette，帕莱特，48
Palla，Giancarlo 詹卡洛·帕拉，137
Palomino，巴洛米诺葡萄，39
Pansu，Michel，米歇尔·邦素，16
Pauillac，波亚克，97—102，129，132
Penfolds，奔富，83，*83*
Perret，André 安德烈·佩雷，34—35，*34—35*
Pesquera Janus Gran Reserva，宝石翠古堡杰纳斯特级陈酿葡萄酒，114
Pessac-Léognan，佩萨克 - 雷奥南，49—51，103—104
Petit verdot，小维铎葡萄，90，93，*93*，131
Petrus，Château，帕图斯堡，93，106—107，*106—107*，108，109，126
Peynaud，Émile，埃米尔·佩诺，125，129
Phelps，Christopher，克里斯托弗·菲尔普斯，93
Phylloxéra，葡萄根瘤蚜，10，36，113，119，139
Pibarnon，Château de，皮巴尔依堡，66，*66*
Pichon-Longueville，Comtesse de Lalande，Château，碧尚男爵堡，碧尚女爵堡，97，*97*，131
Picpoul，匹格普勒葡萄，33，74
Pinault，François，弗朗索瓦·皮诺，100
Pinot blanc，白皮诺葡萄，47
Pinot noir，黑皮诺葡萄，16—18，21，*21*，69—71，78，95，111，118，137，139
Pinot rouge，红皮诺葡萄，47
Pline，普林尼，8

Pomerol，波美侯，106—109，124—125
Pommard，波玛，78，110—111，*110—111*
Pompadour，Madame de，蓬帕杜夫人，60，118
Ponsot，彭索，76
Porto，波尔图，9，112，*112*，125
Poulsard，普萨葡萄，31，38
Preignac，普雷尼亚克镇，53—55
Priorato，普里奥拉多，113，*113*
Puligny-Montrachet，普里尼 - 蒙哈榭，52，*52*

Q

Quinto do Noval，飞鸟堂，112

R

Rauzan-Ségla，Château 鲁臣世家堡，126
Raveneau，拉弗诺，28—29，*29*
Rayas，Château，拉雅堡，74
Reims，Montagne de，兰斯山脉，15—16，18
Reynaud，Jaques，雅克 · 雷诺，74
Ribeauvillé，里博维莱镇，25
Ribera del Duero，杜罗河岸，114—115
Richebourg，里什堡，116，*116*
Riesling，雷司令葡萄，24，25，26，43，44，*44*
Rodriguez，Rafael，拉法埃尔 · 罗德里格斯，95
Roederer，勒德雷尔，16—17，*16—17*
Rolet，罗雷，30—31，*30—31*
Romanée-Conti，罗曼尼 - 康帝，72，88，117，118—119，*118—119*，120
Romanée-Conti，Domaine de la，罗曼尼 - 康帝酒庄，118—120，*118—120*
Rothschild，罗斯柴尔德，11，96，98—99，102，132，136
Rougier，鲁吉尔，48
Roumier，Georges，乔治 · 鲁米耶，72—73
Roussanne，罗珊葡萄，33
Rousseau，Armand，阿尔芒 · 卢梭，70—71
Rouzaud，Jean-Claude，让 - 克劳德 · 鲁佐，17
Royal Tokaji Wine Company，皇家托卡伊葡萄酒公司，60—61，60—61
Royal Tokay，Birsalma’s Aszu，皇家托卡伊贵腐酒，60—61

S

Saint-Émilion，圣 - 埃米隆，*10*，106，109，121—126
Saint-Estèphe，圣 - 埃斯代夫，10，98，127—128，129
Saint-Julien，圣 - 朱利安，100，129—131
Saint-Victor，Éric de，埃里克 · 德 · 圣 - 维克多，*66*
Salon，沙龙，19，19
San Guido，圣 · 圭托，132—133
Sangiovese，桑娇维塞葡萄，68，134，*134*
Sassicaia，西施佳雅，132—133，*132—133*
Sauternais，索泰尔讷，24，53—54，56
Sauternes，索泰尔讷白葡萄酒 53—57
Sauvage，索瓦日，55，56
Sauvignon blanc，白苏维翁葡萄，50，*50*，51，54，56，89
Sauzet，Étienne，埃蒂安 · 苏榭，52
Savagnin，萨瓦涅葡萄，30—31，*31*，38
Savennières，萨维尼埃，58
Ségur，Nicolas Alexandre，marquis de，尼古拉·亚历山大·塞居尔侯爵，98，100，128
Sémillon，赛美蓉葡萄，50，*50*，51，54，56
Shakespeare，William，威廉 · 莎士比亚，39，*39*
Shubert，Max，马克思 · 舒伯特，83，*83*
Simone，Château，西蒙古堡，48，*48*
Skavinski，Théophile，泰奥菲尔 · 斯卡文斯基，130
Solaia，太阳园，134，*134*
Sonoma Valley，索诺马谷，59

Special Selection，特选葡萄酒 90，*90*
Stag’s Leap Wine Cellars，鹿跃酒庄，91
Steiner，Rudolf，鲁道夫 · 斯坦纳，58
Suduiraut，Chateau，苏特罗堡 53，*53*
Syrah，西拉葡萄，33，74，81，83，135，138

T

Talleyrand-Périgord，Charles Maurice de，夏尔 · 莫里斯 · 德塔列朗 - 佩里戈尔，104，*105*
Tannat，丹拿特葡萄，82
Tchelistcheff，柴贝彻夫，89，94，95
Tempranillo，丹魄葡萄，115
Thienpont，天鹏，108
Tokay，托卡伊 24，26，36，60—61
Tokay-Pinot gris，托卡伊 - 灰皮诺白葡萄酒，26，*26*
Toscane，托斯卡纳，68，132—134
Trapet，Jean-Louis，让 - 路易 · 特拉佩，11
Trimbach，婷芭克，25
Trotanoy，Château，卓龙堡，109，*109*
Trousseau，特鲁索葡萄，31，38

V

Vaccarèse，瓦卡尔斯葡萄，33
Van Der Stel，Simon，西蒙 · 凡 · 戴尔 · 斯泰乐，36
Vauthier，famille，沃提埃家族，122
Vega Sicilia，贝加 · 西西里亚酒园，114，115
Venegazzu Della Casa，维内卡苏红酒，137，*137*
Vénétie，威尼托，137
Verlieux，维尔留镇，34，35
Vidal Icewine，威达尔冰酒，62
Vieux Château Certan，老塞丹堡，108
Villaine，famille de，德 · 维莱纳家族，88，118—120
Villié-Morgon，维利耶 - 芒贡村，87，*87*
Vin jaune，黄葡萄酒，30—31，*30—31*
Viognier，维欧尼葡萄，32，*32*，35
Vogüé，Comte Georges de，乔治 · 德 · 维戈伯爵，45，*45*
Volcanic Hill，火山园，92，*92*
Volnay，伏尔耐，110，139
Vosne-Romanée，沃斯讷 - 罗曼尼，80，116—117，119—120
Vougeot，伏旧，80，118
Vouvray，武弗雷，63，118

W

Wagner，Charles，夏尔 · 瓦格纳，90
Winiarski，Warren，瓦伦 · 维纳斯基，91
Woltner，Château，沃尔特纳堡，46，*46*
Woltner，Henri，亨利 · 沃尔特纳，103

X

Xérès，贺雷斯白葡萄酒，9

Y

Yquem，伊甘，11，44，54—55，56—57，*56—57*，60

Z

Zind Humbrecht，辛 · 温贝希特，24
Zinfandel，仙粉黛葡萄，89
Ziraldo，Donald，唐纳德 · 兹莱多，62，*62*

参考书目

L' Atlas des vins de France, sous la direction de Jean Seller, textes de F. Woutaz, Olivier Orban-Jean-Pierrc de Monza, 1987.

De l' esprit des vins / Bordeaux, textes sous la direction de Pierre Veilletet, Adam Biro, 1988.

Encyclopédie des vins et des alcools, Alexis Lichine, Robert Laffont, 1980.

Grands et Petits Vins de France, Hatier, 1998.

Les Grands Vins de France, Michel Dovaz, Julliard, 1979.

Les Grands Vins du monde, Hatier, 1991.

Guide Parker des vins de France, Robert Parker, nouvelle édition, Solar, 1998

Le Guide Hachette des vins

Histoire morale et culturelle de nos boissons, Jean-Claude Bologne, Robert Laffont, 1991.

Les Plus Grands Crus du monde, David Cobbold, Hatier, 1996.

Les Vins de Bordeaux, Robert Parker, nouvelle édition, Solar, 1999.

Les Vins de rêve, Nicolas de Rabaudy et Jean-Luc Pouteau, Solar, 1990.

Vins et domaines, le classement de 1996, Bettane et Desseauve, Éditions de la Revue du vin de France, Flammarion.

致　　谢

衷心感谢各大媒体机构如此热心地参与本书的编写，提供了众多珍贵的资料与照片。

另外还要特别感谢弗里纳（Vrinat）家族，还要感谢塔耶旺（Taillevent）餐厅及酒窖的酒务总管皮埃尔·贝罗（Pierre Bérot）、尼古拉·博诺（Nicolas Bonnot）、弗雷德里克·克雷斯潘（Frédéric Crespin）和让-保罗·雷沃尔（Jean-Paul Revol）。

图片来源

Hoa-Qui，Thibaut，p8；Valentin，p10（下图），p72；Buss，p25；Perrin，p69（上图），p119（左图）；Vaissec，p71（右图），p88；Troncy，p71（上图）、p111（上图）；Manaud，p74；Body，p75；Roy，p119（右图），p120（左图），p121，p123（右上图），p127（右图）。

Christie's Image，p9，p11，p21（上图及左图），p57（右下图），p85（下图），p99（中间酒图），p101（中右图），p102（左图），p106（下图），p115，p120（上图），p125（右边酒图），p133（左下图），p144—145

DR，p10（上图及中图），p39，p43，p46，p93，p114，p137

Philippe Hurlin，p16（上图），p17，p24，p32，p33，p36（除了右上图），p38，p50（下图），p56，p57（除了右下图），p58，p63（上图），p67，p79，p82，p83（除了下图），p91，p96，p98，p99（除了中间两幅图），p100，p101（左上图，左中图），p102（上面两图），p104—105，p106（上图），p107，p112，p117，p119（中图及右下图），p124—125，p132，p133（除了左下图），p135

Erik Sampers，p81

Sunset，p52，p73，p72，p87

Jérôme Prébois，p20（上图）

Jean-Paul Paireault，p122，p123（左图及右图），p131（右图）

Laurent-Perrier，p18；Salon，p19；Moët et Chandon，p20—21；Hugel，p27；Raveneau，p28—29；Château-Chalon Philippe Bruniaux，p30—31；Perret，p34—35；Klein Constantia，p36（右上图）；Coche-Dury，p37；Leeuwin Estate，p40；Domaine des Comtes Lafon，p41；Gagnard-Delagrange，p42；Comte Georges de Vogüé，p45；Jean-Louis Bernuy，p47；Château Simone，p48；Château de Fieuzal，p49；Château Haut-Brion，p50（上图）；Château Suduiraut），p53；Château Gilette，p55；The Royal Tokaji Wine Company，p60—61；Inniskillin，p62；Graffiti，Jean Huet，p63（右图）；Château de Pibarnon，p66；Biondi-Santi，p68；Domaine Trapet，p69；Armand Rousseau，p71（左图）；Gaunoux，p78；Jayer，p80；Brumont，p82；Dupuy，p86；Caymus，p90；Diamond Creek，p92；Heitz Cellar，p94；Gerald French，p95（右图）；Faith Echtemeyer，p95（下图）；Ford Coppola，p95（上图）；Château Pichon-Longueville, Comtesse de Lalande，p97；Château Latour，p101（右上图及左下图）；Château La Mission-Haut-Brion，p103；Château le Pin，p108；Château Trotanoy，p109；Comte Armand，p111（下图）；Costers del Siurana，p113；Méo-Camuzet，p116；Château Canon，p126；Château Cos d'Estournel，p127（左图）；Château Montrose，p128；Château Ducru-Beaucaillou，p129；Château Léoville-Las Cases，p131（上图）；Antinori，p134；Concha y Toro，p136；Domaine de Trévallon，p138；Marquis d'Angerville，p139

书中瓶装酒图片均由马蒂厄·普里耶（Matthieu Prier）拍摄提供。

总 策 划：贺鹏飞　　责任编辑：陆元昶

特约编辑：娜　日　何　婷　　封面设计：老那工作室

销售热线：010-85376701　　投稿信箱：phoenixpower@126.com

官方网站：www.yilibook.cn　　书店支持：字里行间 BELENCRE 连锁书店